Omoshola Ogunduboye

Uma abordagem de redes neurais profundas para reconhecimento e identificação facial

Omoshola Ogunduboye

Uma abordagem de redes neurais profundas para reconhecimento e identificação facial

ScienciaScripts

Imprint
Any brand names and product names mentioned in this book are subject to trademark, brand or patent protection and are trademarks or registered trademarks of their respective holders. The use of brand names, product names, common names, trade names, product descriptions etc. even without a particular marking in this work is in no way to be construed to mean that such names may be regarded as unrestricted in respect of trademark and brand protection legislation and could thus be used by anyone.

Cover image: www.ingimage.com

This book is a translation from the original published under ISBN 978-620-8-00975-5.

Publisher:
Sciencia Scripts
is a trademark of
Dodo Books Indian Ocean Ltd. and OmniScriptum S.R.L publishing group

120 High Road, East Finchley, London, N2 9ED, United Kingdom
Str. Armeneasca 28/1, office 1, Chisinau MD-2012, Republic of Moldova, Europe
Printed at: see last page
ISBN: 978-620-8-05374-1

RESUMO

O reconhecimento facial utiliza a tecnologia biométrica para identificar ou autenticar indivíduos através da análise e interpretação de caraterísticas faciais únicas. Embora o reconhecimento facial tenha ganho uma atenção significativa pelas suas aplicações em vários domínios, é principalmente utilizado em contextos de segurança e proteção. O seu amplo apelo resulta dos seus potenciais benefícios em numerosos domínios económicos e jurídicos. A tecnologia funciona através da avaliação da geometria facial, centrando-se em caraterísticas-chave como os contornos das orelhas e o alinhamento da testa à linha do maxilar. Este método realça eficazmente os atributos e expressões faciais distintivos, essenciais para uma identificação exacta. A nossa investigação demonstra que a abordagem contrastiva siamesa supera significativamente outros métodos, obtendo resultados superiores num conjunto de dados de grande escala com mais de 160 000 imagens e aproximadamente 2 000 classes. A eficácia da técnica contrastiva siamesa sublinha a sua vantagem substancial em tarefas de reconhecimento facial.

AGRADECIMENTOS

Gostaria de expressar a minha mais profunda gratidão a todos aqueles que tornaram este livro possível. Em primeiro lugar e acima de tudo, os meus sinceros agradecimentos aos meus pais, cujo apoio inabalável, encorajamento e amor têm sido a base sobre a qual este trabalho assenta. A vossa crença em mim tem sido uma fonte de força ao longo desta jornada.

Estou profundamente grato aos meus professores, cuja orientação perspicaz e experiência moldaram a minha compreensão e abordagem. A sua dedicação e paixão pelo ensino inspiraram-me e contribuíram significativamente para o desenvolvimento deste livro.

Para o meu mentor, a sua sabedoria e encorajamento foram inestimáveis. A sua orientação não só me ajudou a navegar nas complexidades deste projeto, como também me motivou a ultrapassar os meus limites.

Por último, gostaria de agradecer aos leitores deste livro. O vosso interesse e empenho são a derradeira recompensa pelo esforço desenvolvido neste trabalho. Espero que este livro corresponda às vossas expectativas e vos seja útil.

Obrigado a todos pelos vossos contributos e apoio.

ÍNDICE DE CONTEÚDOS

1 INTRODUÇÃO

1.1 Antecedentes do estudo

Atualmente, a população em geral tem uma melhor compreensão da inteligência artificial (Tai, 2020). Devido à sua importância para a interação homem-computador, tem sido dada muita atenção a temas como o reconhecimento de padrões e a deteção de anomalias (Tarnowski et al, 2017), o reconhecimento facial (Mane e Shah, 2018), o reconhecimento de emoções (Tarnowski et al, 2017) e o reconhecimento facial (Mane e Shah, 2018). O termo "inteligência artificial" engloba uma vasta gama de tópicos especializados, alguns dos quais incluem a aprendizagem automática, a extração de dados, a visão computacional, a robótica e o processamento de linguagem natural (Gillikin, 2018). Apenas alguns subcampos se enquadram no âmbito da IA (IA). Desde a década de 1950, a inteligência artificial tem sido objeto de investigação significativa. Existem muitas técnicas de aprendizagem automática, a maioria das quais pode ser classificada em duas grandes categorias: aprendizagem supervisionada e aprendizagem não supervisionada (Santos, 2021). De acordo com (Bzdok, Krzywinski, e Altman, 018), a estratégia de aprendizagem supervisionada é aquela a que muitas pessoas recorrem quando tentam resolver dificuldades de aprendizagem automática. Por outro lado, o domínio da aprendizagem automática não supervisionada é um desenvolvimento muito recente. É possível construir sistemas mais complexos utilizando redes neuronais. Considere-se a aplicação do reconhecimento não supervisionado de padrões no contexto da análise de dados faciais para efeitos de identificação de rostos. As redes neuronais profundas podem identificar padrões em grandes conjuntos de dados que podem conter dezenas de milhares ou mesmo milhões de pontos de dados individuais. São partes cruciais do software de reconhecimento facial utilizado atualmente. Quanto mais rostos variados forem mostrados ao computador, mais ele aprenderá o que é um rosto e como discernir entre os muitos tipos de rostos. A identificação de padrões recorrentes é uma componente essencial do processo de ensino dos modelos de aprendizagem automática. Para efeitos de classificação, os dados são recolhidos, pré-processados, filtrados e treinados pelo objetivo do sistema, o que também é o caso de um sistema que utiliza o reconhecimento facial. Os dados devem primeiro ser tornados acessíveis para identificar um padrão (Mannhardt et al, 2018). Por conseguinte, a primeira fase do processo de reconhecimento de padrões é a recolha de dados. Depois de os dados terem sido obtidos, têm de ser processados, o que envolve a eliminação de sons que representam discrepâncias no conjunto de dados. Depois de concluída esta etapa, a informação pode finalmente ser utilizada para fins educativos. Nesta fase, muitos eventos e classes de padrões nos conjuntos de dados são descobertos para investigação. Durante esta fase, os dados são também examinados para determinar em que categoria cada indivíduo deve ser colocado. A fase final do reconhecimento de padrões diz respeito à forma como os dados são categorizados com base no modelo de aprendizagem. Esta fase simboliza o culminar do processo. Nesta fase, o modelo de classificação decide quais as categorias que devem ser utilizadas para os dados recém-adquiridos. Durante a fase de classificação do processo, a informação aprendida pode ser utilizada aplicando o modelo de aprendizagem para atribuir os dados recém-adquiridos às categorias corretas. Os conjuntos de "treino" e "teste" são os nomes dados aos dois subconjuntos criados quando um conjunto de dados é dividido em duas partes para a fase de classificação do processo. Os conjuntos de formação ensinam ao sistema o que ele precisa de saber, enquanto os conjuntos de teste avaliam a eficácia com que o sistema aprendeu com as suas experiências anteriores. As expressões faciais de uma pessoa podem revelar uma grande quantidade de informação, desde os sentimentos e ideias dessa pessoa até aos seus objectivos e personalidades e até indicadores de que é ou não um psicopata. Ao longo das últimas décadas, os investigadores conseguiram avanços significativos neste domínio. Atualmente, é possível determinar como uma pessoa se sente apenas através do estudo dos dados recolhidos do seu rosto. Apesar dos progressos significativos registados no domínio da aprendizagem automática, existem ainda áreas da literatura de investigação que necessitam de mais desenvolvimento.

Este estudo utiliza redes neuronais profundas para encontrar aspectos cruciais que reforçam a semelhança entre as fotografias de crianças e os seus eus adultos. Estas lacunas foram reveladas como consequência de uma investigação considerável, razão pela qual este estudo utiliza redes neuronais profundas. Com base neste pressuposto, este estudo sugere a utilização de redes neuronais profundas para encontrar semelhanças entre duas fotografias da mesma pessoa que foram tiradas com um intervalo de tempo significativo uma da outra.

1.2 Problema Declaração

Tem havido relativamente poucas concentrações sobre a aplicação de redes neuronais na criação de sistemas de reconhecimento facial que possam identificar, fazer corresponder e reconhecer o rosto atual de uma pessoa a partir de imagens anteriores do rosto dessa pessoa. Isto apesar do crescimento do número de sistemas de reconhecimento facial. Com base na discrepância encontrada, os modelos de reconhecimento facial existentes têm pouca precisão no reconhecimento das semelhanças entre duas imagens da mesma pessoa, uma mostrando-a em criança e outra em adulto. Após a conclusão deste projeto de investigação, será proposto um sistema para fazer corresponder com precisão imagens semelhantes de um indivíduo desde a infância até à idade atual. Para o efeito, será necessário compreender melhor as técnicas e a tecnologia de reconhecimento facial. Seguir-se-á a conclusão do projeto de investigação. Consequentemente, as lacunas descobertas na investigação anterior serão colmatadas.

1.3 Objetivo e finalidade do estudo

Utilizando redes neuronais profundas, o objetivo deste estudo é detetar, fazer corresponder e reconhecer a imagem do rosto de uma pessoa a partir das suas próprias imagens, mesmo quando as imagens foram tiradas com um intervalo de tempo significativo. Com base neste objetivo, os objectivos do estudo são os seguintes: melhorar a conceção e o desenvolvimento de um sistema de reconhecimento e identificação facial por redes neuronais de aprendizagem profunda:

1. Pesquisar modelos de reconhecimento facial previamente desenvolvidos e, com base num conjunto pré-determinado de critérios, avaliar qual desses modelos é o mais eficaz para fazer corresponder e identificar a imagem facial de uma pessoa com base noutras fotografias dessa pessoa utilizando redes neuronais profundas.
2. Construir um sistema de reconhecimento facial utilizando bibliotecas baseadas em python e vários tipos distintos de arquitetura de aprendizagem profunda.
3. Localizar um conjunto de dados de rostos que possa ser utilizado para desenvolver e avaliar o sistema de reconhecimento facial sugerido. O conjunto de dados a utilizar nesta investigação é o aclamado Cross-Age Celebrity Dataset (CACD) (Chen et al, 2015)
4. Determinar a precisão do modelo utilizando a métrica da precisão.
5. Utilizar a precisão das métricas para efetuar uma avaliação comparativa dos modelos de reconhecimento facial criados e da

investigação anteriormente realizada nesta área.

1.4 Âmbito do estudo

Esta investigação utiliza dados faciais para comparar diferentes imagens da mesma pessoa, tiradas em momentos diferentes ao longo de diferentes períodos da sua idade. As redes neurais profundas serão utilizadas no processo de desenvolvimento do modelo. A identificação, o reconhecimento e o cruzamento de dados faciais serão a tónica exclusiva do sistema durante o seu funcionamento.

1.5 Importância do estudo

O reconhecimento de indivíduos através dos seus rostos é útil numa grande variedade de contextos por várias razões. A relevância deste trabalho vai para além da necessidade de identificar uma lacuna e fornecer uma solução; em vez disso, há uma necessidade de sistemas de reconhecimento facial mais sofisticados que possam ser utilizados para uma variedade de aplicações em actividades humanas.

O governo beneficiaria com esta abordagem, uma vez que ajudaria a recolher informações sobre criminosos e agentes da autoridade. A capacidade de fazer corresponder várias fotografias da mesma pessoa tiradas em alturas diferentes pode ser útil na investigação e resolução de casos criminais. É possível utilizá-la para identificar pessoas suspeitas de terem cometido crimes no passado.

O sistema é também benéfico para o crescimento do corpo de trabalho, uma vez que explora um aspeto do reconhecimento facial nas suas fases iniciais. O sistema também beneficia futuros investigadores que desejem desenvolver o trabalho.

1.6Organização do projeto

Este corpo de investigação foi dividido em cinco segmentos distintos.

Capítulo 1: Introdução: Esta secção inclui a história da investigação, a definição do problema, a finalidade e os objectivos do estudo, o âmbito da investigação e a sua importância.

Capítulo 2: Revisão da literatura: Esta secção oferece um resumo de tópicos semelhantes na identificação de sistemas de monitorização de filas de espera, bem como um resumo das publicações feitas por vários investigadores diferentes.

Capítulo 3: Metodologia: Esta secção fornece uma visão geral dos métodos de investigação utilizados nesta tese. Neste estudo, é apresentado um resumo do firmware utilizado para avaliar a técnica sugerida e o conjunto de dados que foi utilizado.

Capítulo 4: Resultados e discussões: Nesta secção, são discutidos os detalhes da execução da experiência e os resultados obtidos para todas as abordagens mencionadas, bem como uma análise comparativa dos resultados.

Capítulo 5: Conclusões e trabalhos futuros são abordados neste capítulo.

Capítulo 6: Esta última secção trata da forma como o modelo utilizado foi avaliado para conhecer o seu desempenho global.

2 LITERATURA REVISÃO

2.1 Introdução

A identificação de rostos de pessoas é essencial para a visão computacional, a imagem e a multimédia. Criar um modelo baseado na aprendizagem automática que possa reconhecer rostos com a mesma precisão que um ser humano é um desafio. Quando confrontados com um grande número de rostos desconhecidos, é difícil para os indivíduos reconhecerem rostos familiares. A enorme capacidade de memória e processamento dos computadores permite-lhes realizar tarefas de forma mais rápida e eficiente do que os humanos. No entanto, o número de fotografias disponíveis como dados de treino para uma rede neural profunda aprender os atributos de um ser humano específico é relativamente limitado. Consequentemente, o tema do reconhecimento facial continua por resolver e está a receber cada vez mais atenção. A precisão do processo de verificação é determinada principalmente por quatro factores: o processo de envelhecimento, a expressão facial, a posição do rosto e a iluminação (Jain, A.K et al, 2012). A maior parte da investigação realizada sobre o tema da verificação facial centrou-se no estudo da questão no contexto de situações limitadas para regular e/ou resolver um ou mais destes quatro aspectos.

Recentemente, vários investigadores atingiram ou excederam o desempenho a nível humano (Chen, D. et al, 2013) em testes de referência de verificação facial efectuados em situações sem restrições, como o conjunto de dados Labelled Faces in the Wild (LFW) (Huang G.B et al, 2007). Estas descobertas tornaram-se viáveis em consequência dos avanços alcançados na deteção de marcas faciais, bem como do aumento da capacidade de processamento disponível para treinar modelos profundos. O conjunto de dados LFW, por outro lado, aborda a questão do envelhecimento, fornecendo um elevado número de variantes na posição, expressão facial e iluminação, mas apenas um pequeno número de variações na idade. Os rostos podem mudar drasticamente ao longo da vida de uma pessoa, tornando difícil a diferenciação entre indivíduos de várias idades. Quando se consideram grandes disparidades de idade, a questão torna-se muito mais complicada. (Taigman, Y. et al, 2014) A investigação sobre o reconhecimento de rostos tem vindo a ser efectuada há muito tempo, tendo sido publicada em vários trabalhos. O conceito de eigenface foi apresentado pela primeira vez num trabalho realizado por (Turk, M.A et al, 1991), que é considerado um dos primeiros estudos. (Ahonen et al, 2016) investigaram a possibilidade de utilizar um descritor de textura para efeitos do desafio de reconhecimento facial. Especificamente, analisaram o padrão binário local (LBP). No seu estudo, (Wright et al, 2009) reformularam o desafio do reconhecimento de rostos como uma classificação entre vários modelos de regressão linear utilizando a representação de sinais esparsos. Os seus resultados demonstraram um elevado grau de resiliência quando confrontados com faces ocluídas. (Chen et al, 2013) introduziram uma versão de alta dimensão do LBP (HDLBP) e avaliaram o desempenho das caraterísticas faciais em função da dimensionalidade. As suas conclusões demonstraram que a elevada dimensionalidade é essencial para obter um elevado desempenho.

2.2 Revisão de vários Algoritmos

Nos últimos anos, tem-se verificado uma proliferação de investigação que utiliza a aprendizagem profunda para efeitos de reconhecimento facial. No conjunto de dados rotulado Face in the Wild (LFW), amplamente utilizado, os resultados alcançados por (Taigman et al, 2013) e por (Sun et al, 2014) utilizando uma abordagem de redes neurais convolucionais profundas (DCNNs) excederam mesmo o desempenho a nível humano. Estas abordagens podem ter um desempenho extremamente bom no que respeita ao reconhecimento facial. No entanto, podem não funcionar muito bem quando existe uma variação de idade nos rostos que estão a ser analisados, uma vez que não utilizam esta informação. Segue-se uma secção com a análise da literatura relacionada.

Aprendizagem da métrica de similaridade de cosseno para verificação de faces

No seu artigo, os investigadores afirmam que a verificação presencial pode identificar se uma pessoa é ou não quem diz ser olhando para fotografias do seu rosto. Isto é um problema devido à grande variedade de iluminação, poses e idades apresentadas nas imagens. A parte mais difícil é determinar a distância entre dois vectores de rosto, o que se designa por cálculo da distância. Como consequência, são necessárias medições exactas da distância para uma verificação correta da face. Cosine Similarity Metric Learning (CSML) é o nome dado a uma abordagem revolucionária que foi sugerida neste trabalho para instruir uma métrica de distância para inspecionar rostos. A sua abordagem utiliza a semelhança de cosseno para proporcionar uma forma eficaz de aprendizagem, o que pode facilitar a utilização de qualquer estatística em vários contextos. Quando aplicado a um conjunto de dados de ponta conhecido como Labelled Faces in the Wild, o seu método atinge o nível mais elevado de precisão alguma vez documentado na literatura científica (LFW). (Nguyen e Bai, 2011).

Aprendizagem de uma métrica de semelhança compacta e profunda para verificação de parentesco a partir de imagens de rostos

Outra investigação observou que um problema na identificação de parentesco e o desafio não poderia ser resolvido a menos que houvesse um mecanismo para medir a semelhança de rostos humanos no processo de estabelecimento de parentesco. Esta limitação impede que o problema seja resolvido. Na maioria dos sistemas baseados em DML, assume-se a linearidade do modelo métrico de parentesco, e a informação de domínio das principais disparidades entre gerações (como as enormes diferenças de idade e sexo das fotografias dos pais e dos filhos) não é incorporada na aprendizagem métrica. Um exemplo disto é a comparação de fotografias da mesma pessoa em idades e géneros diferentes. Por este motivo, as estimativas de semelhança genética sobre a aparência humana não são tão exactas como poderiam ser. Neste estudo, os autores desenvolvem uma estratégia totalmente nova para a aprendizagem de métricas de parentesco, utilizando um modelo de rede neural profunda (DNN) que está relacionado com outras redes neurais profundas. Como consequência, o KML utiliza uma medida de semelhança profunda ligada, que junta as pessoas que estão relacionadas e isola as que não estão relacionadas mas que parecem ser muito semelhantes. Quando um pai e o seu filho se casam, ocorre uma divisão geracional óbvia. Ao exigir variedade intra-conexão e consistência inter-conexão, as DNNs conectadas podem alcançar compacidade hierárquica, tornando possível a aprendizagem métrica profunda com uma quantidade menor de dados de treino de família. Realizaram vários testes de parentesco, cujos resultados demonstraram a eficácia do seu modelo. Estes testes tiveram como objetivo determinar a eficácia com que a sua técnica compete com as alternativas DML mais avançadas. (Zhou et al, 2019).

Aprendizagem métrica da distância utilizando informações privilegiadas para a verificação de rostos e a reidentificação de pessoas.

Uma investigação semelhante apresentou no seu estudo uma estratégia única para melhorar a verificação e reidentificação de rostos em imagens RGB, que recomendaram como forma de melhorar estes processos. (Xu, Li, e Xu, 2015) Utilizando fotografias de profundidade capturadas por dispositivos como o Kinect, os dados RGB-D foram combinados com estas imagens para atingir este objetivo. Os dados visuais foram extraídos de imagens RGB, enquanto os dados de profundidade foram extraídos de imagens de profundidade. Foram adquiridos ambos os conjuntos de dados. Como as caraterísticas de profundidade só podem ser detectadas em dados de treino, os autores do trabalho referiram-se a ele como um problema de aprendizagem de métricas de distância com informação privilegiada. Durante o treino, a aprendizagem de métricas de distância pode ser melhorada através da utilização de informações de profundidade adicionais que estão incluídas nos dados de treino. A sua investigação é inovadora, uma vez que se afasta dos procedimentos normais de verificação e reidentificação de rostos, que utilizam principalmente caraterísticas visuais. Por este motivo, criaram uma formulação para o ITML+ (ITML+) que se baseia na abordagem de aprendizagem métrica teórica da informação (ITML). A formulação ITML+ sugerida também pode ser tratada utilizando a técnica de projeção cíclica. O seu método foi rigorosamente avaliado nos conjuntos de dados de rostos desafiantes EUROCOM e Curtin Faces, para além do conjunto de dados BIWI RGBD, para efeitos de verificação e reidentificação de rostos.

Aprendizagem colaborativa de métricas de semelhança para o reconhecimento de rostos na natureza

De acordo com os resultados de uma investigação efectuada, um método frequentemente utilizado para ajudar as pessoas a reconhecerem-se umas às outras consiste em mostrar muitas fotografias do rosto da mesma pessoa. Os autores desta investigação propõem dois algoritmos de fusão que utilizam múltiplos atributos de imagens de rosto de forma interactiva. A avaliação da semelhança é efectuada através da utilização de um aprendiz que se baseia numa rede neural siamesa. O cálculo de uma pontuação de similaridade envolve a comparação de dois ou mais atributos de duas imagens diferentes de rostos. É possível, utilizando esta pontuação, identificar se as duas faces pertencem ou não à mesma pessoa. Os autores investigam duas técnicas de fusão iniciais, utilizando redes neuronais siamesas e medidas de semelhança colaborativas (CoSiM). Ambos os métodos baseiam a sua formação na utilização de redes neurais siamesas emparelhadas. As experiências foram efectuadas utilizando os conjuntos de dados YouTube Faces e Labeled Faces. As transformações de caraterísticas, também conhecidas como SIFT, e os padrões binários locais, frequentemente conhecidos como LBPs, foram produzidos manualmente. São efectuadas comparações, tanto a nível teórico como prático, entre os modelos sugeridos e abordagens análogas encontradas no corpo de investigação científica publicada. Em comparação com as linhas de base baseadas num único atributo, foi demonstrado de forma conclusiva que a técnica proposta melhora a precisão da verificação. Consequentemente, foi demonstrado que as soluções propostas podem alcançar os mesmos resultados que as actuais abordagens de ponta, que utilizam redes convolucionais profundas ou caraterísticas de nível superior, como SIFT e LBP. Isto deve-se ao facto de as soluções propostas poderem alcançar os mesmos resultados. (Gundogdu e Bianco, 2020).

Reconhecimento de expressões faciais baseado em caraterísticas locais com erros de registo facial

(Gritti et al, 2008) efectuou uma investigação sobre as diferentes abordagens que podem ser utilizadas para diferenciar caraterísticas de rostos a partir de fotografias. Estes métodos são exemplificados, entre outros, pelas técnicas Local Binary Patterns (LBP) e Local Ternary Patterns (LTP) (LTP). A eficiência das técnicas foi analisada utilizando uma variedade de diferentes critérios de reconhecimento de expressões faciais. A Máquina de Vectores de Suporte, também conhecida por SVM, foi utilizada para classificar os atributos recolhidos (SVM). Como alvo potencial para actividades de exploração, a base de dados Cohn-Kanade (CK) foi selecionada como uma opção viável. Quando a investigação estava a ser realizada, as idades de todas as pessoas que contribuíram para esta base de dados variavam entre os 18 e os 30 anos. Da biblioteca de imagens CK, foram escolhidas 310 imagens para este projeto de investigação. O LBP está no topo da lista, com uma taxa de reconhecimento de 92,9%, seguido do HOG, com uma taxa de 92,7%, e do LTP, com uma classificação de 92,9%.

Reconhecimento de emoções humanas a partir de imagens térmicas faciais utilizando caraterísticas baseadas em histogramas e máquina de vectores de suporte multi-classe

A análise de dados baseada em histogramas é utilizada em (Basu, Routray, e Deb, 2015) para extrair atributos. Quando se trata de obter informações sobre qualquer tópico, esta é uma das abordagens mais comuns que as pessoas utilizam. Para além disso, são utilizadas caraterísticas de base estatística para descrever a forma como as distribuições de probabilidade dos níveis de intensidade são distribuídas para mostrar como estão espalhadas. Os investigadores utilizaram uma máquina de vectores de apoio multiclasse (SVM) para classificar os dados obtidos nas categorias adequadas (SVM). A base de dados de expressões faciais térmicas Kotani (KTFE) inclui 264 fotografias de 22 pessoas oriundas do Japão, Vietname e Tailândia. Esta técnica foi utilizada para analisar as expressões faciais dos sujeitos nas fotografias. Está aqui representada uma grande variedade de idades, dos 11 aos 32 anos. Utilizaram sessenta por cento das fotografias para fins didácticos e quarenta por cento para fins de avaliação. Os resultados indicam que as previsões estão corretas em 81,95 por cento das vezes.

Sistema de análise do subespaço tensorial baseado no conhecimento para verificação de parentesco

De acordo com (Serraoui et al, 2022), muitos dos procedimentos informáticos utilizados na sociedade atual para validar os laços familiares implicam a estimativa da distância entre os membros da família. Se o objetivo é examinar simultaneamente os traços familiares e faciais, então estes modelos podem ser suficientes. Ao construir modelos tensoriais baseados no conhecimento e ao utilizar modelos multi-vista previamente treinados, investigamos a possibilidade de colmatar esta lacuna de conhecimento. Uma abordagem de extração de semelhança de tensores baseada no conhecimento que utilize quatro redes pré-treinadas pode ser utilizada para facilitar a verificação automática do parentesco facial (ou seja, VGG-Face, VGG-F, VGG-M e VGG-S). Utilizámos caraterísticas faciais profundas e gerais baseadas no conhecimento para determinar a sugestão de família incluída na sua arquitetura tensorial (como identidade, idade, sexo, etnia, expressão, iluminação, postura, forma, arestas, cantos, etc.). É utilizada uma estratégia baseada na análise discriminante exponencial quadrática de visão cruzada de tensores e na aprendizagem de maximização de margens na instrução em sala de aula de várias representações efectivas para efeitos de alegações de verificação de parentesco (filhos e pais). O processo de aprendizagem exponencial pode reduzir as maiores discrepâncias entre distribuições dentro de uma família, ao mesmo tempo que produz um aumento das disparidades mais pequenas entre distribuições em famílias separadas. O WCCN faz um excelente trabalho de contabilização da variância intra-classe que é causada por caraterísticas profundas. O processo de identificação de rostos não está isento de desafios, mas a abordagem dos investigadores tem em conta as limitações inerentes aos modelos de caixa negra. O seu método foi submetido a testes meticulosos em quatro conjuntos de dados difíceis, e os resultados mostram que é superior às abordagens anteriores.

Geração de discriminantes profundos - Aprendizagem de caraterísticas partilhadas para verificação de parentesco com base em imagens

De acordo com (Chen et al, 2022), é possível determinar a ligação entre duas pessoas com base em imagens dos seus rostos tiradas em ambientes naturais. Trata-se de um tema de investigação interessante e exigente no domínio da visão por computador. Para além disso, pode ser utilizado para anotar imagens e localizar jovens desaparecidos. No mundo real, é difícil verificar o parentesco porque as imagens dos pais e dos filhos podem diferir substancialmente umas das outras. Este facto constitui um desafio. Se a população em geral estiver mais sensibilizada para esta questão, a eficiência da verificação das relações familiares melhorará. A Aprendizagem Profunda Discriminante de Caraterísticas Partilhadas pela Geração para a Verificação de Parentesco com Base em Imagens (DGFL) é um módulo de aprendizagem de caraterísticas específicas da geração em dois fluxos que minimiza as diferenças entre as caraterísticas partilhadas pela geração e as caraterísticas específicas do indivíduo. Este módulo é utilizado para a verificação do parentesco com base em imagens. Com o módulo de aprendizagem de caraterísticas específicas da geração, é possível que tanto os pais como os filhos sejam instruídos sobre diferentes caraterísticas. O módulo de partilha de gerações trabalha no sentido de aumentar a quantidade de semelhança visual que existe entre os pais e os seus descendentes. Gera termos de perda que reduzem as desigualdades geracionais e facilitam a diferenciação entre as caraterísticas aprendidas, utilizando caraterísticas locais e globais, dados de identificação da família e termos de perda que utilizam diferenças entre gerações e discriminação intra-geracional. Estes termos de perda são gerados utilizando caraterísticas locais e globais. Verifica-se que a técnica sugerida tem um desempenho bastante bom quando comparada com os programas de verificação de parentesco mais populares atualmente disponíveis no mercado. A sua metodologia tem o potencial de melhorar a precisão da verificação no conjunto de dados KinFaceW-I em pelo menos 3,5, 1,5 e 0,8% pontos, respetivamente.

Redução de artefactos de imagem comprimida baseada na aprendizagem profunda e na fusão de imagens multi-escala

De acordo com a investigação (Yeh et al, 2021), os algoritmos de compressão de imagem e vídeo baseados em blocos estão repletos de problemas que são referidos como artefactos de bloqueio. Existem várias medidas que podem ser tomadas para reduzir a quantidade deste tipo de artefactos que ficam para trás após o processamento. Por outro lado, a maior parte das técnicas relatadas na literatura de investigação resulta em artefactos que são difíceis de reconhecer. De acordo com os resultados da investigação, pode ser possível remover artefactos de fotografias comprimidas utilizando uma rede neural profunda baseada na integração de imagens em várias escalas (frequentemente indicada por deblocking de imagens). Os recentes avanços na aprendizagem profunda permitem a geração de modelos profundos diretamente a partir de imagens limpas com uma função de perda baseada em priores de imagem explícitos. Em vez de utilizar soluções baseadas na aprendizagem profunda, este método reconcebe o desafio como sendo o de compreender os artefactos (ou resíduos) que existem entre as fotografias que foram recebidas e as suas equivalentes limpas (verdades fundamentais). Quando uma imagem é amostrada pela primeira vez, a estrutura profunda aborda imediatamente os artefactos de bloqueio que podem resultar. Os cientistas utilizaram o seu modelo de fusão de imagens em várias escalas para misturar muitas versões reduzidas, que têm menos artefactos, com a imagem original, que tem artefactos mais graves. Isto permitiu-lhes estimar os artefactos de bloqueio, que anteriormente tinham sido difíceis de determinar. A remoção dos artefactos previstos da imagem de entrada permite reduzir drasticamente a quantidade de artefactos de bloqueio, mantendo a maior parte da imagem original. Esta abordagem pode ser utilizada em qualquer sistema informático com um codec visual digital integrado.

2.2.10 Uma nova abordagem ao reconhecimento de rostos com variação de pose

De acordo com a investigação de (Aksasse, Ouanan, e Ouanan, 2017), o processo de reconhecimento facial no mundo real ainda é complexo. Os autores deste estudo utilizaram um único modelo facial tridimensional do FaceGen Modeller para mostrar uma abordagem de alinhamento de rostos na natureza para melhorar o reconhecimento facial. Este modelo serviu como ponto de partida para a sua investigação. Em segundo lugar, iniciaram o processo de desenvolvimento de um descritor de faces totalmente novo, utilizando filtros Gabor. Utilizámos os dados de magnitude e fase do Gabor para produzir a descrição sugerida. O desempenho é muito melhor do que o da referência mais utilizada, "Labelled Faces in the Wild" (LFW). Tem uma exatidão de 97,29% e realiza um excelente trabalho de reconhecimento dos componentes do conjunto de dados LFW.

2.3 Abordagens generativas

Nos sistemas de síntese, a utilização de redes profundas baseadas em modelos generativos para gerar conteúdos é generalizada. Por exemplo, (Zhang et al, 2017) introduziu um autoencoder adverso condicional que aprende um coletor facial para conseguir a regressão e a progressão da idade facial. Isto foi conseguido através da aprendizagem de um coletor de rostos. Para garantir que as faces geradas têm os efeitos de envelhecimento desejados, mantendo as propriedades personalizadas, foi sugerida uma arquitetura piramidal de redes adversárias generativas (GAN) para ser utilizada num modelo de progressão da idade (Yang, H et al, 2018). Isto foi feito para garantir que os rostos gerados pudessem ser utilizados. No seu estudo sobre o envelhecimento do rosto, sugeriram uma GAN condicional com preservação da identidade. Um GAN condicional produz um rosto realista na idade desejada, e um módulo de identidade preservada mantém intacto o conhecimento sobre a identidade da pessoa (Wang et al, 2018). Um modelo profundo invariante à idade que pode realizar simultaneamente a síntese e o reconhecimento de faces para pessoas de idades variadas foi sugerido por (Zhao et al, 2019). Uma estrutura de aprendizagem unificada e multitarefa chamada MTLFace foi introduzida por (Huang et al, 2019) para CAFR. O objetivo deste quadro era realizar uma representação relacionada com a identidade invariante em função da idade, bem como a síntese facial ao mesmo tempo. Os resultados são melhorados com a utilização da técnica de síntese facial. No entanto, os artefactos de fantasmas continuarão a estar presentes na face sintética quando se utilizam estas abordagens. Além disso, esses modelos têm grandes custos computacionais devido à enorme complexidade envolvida na simulação de um rosto envelhecido e não conseguem manter níveis de desempenho constantes.

2.4 Discriminatório Abordagens

As caraterísticas profundas derivadas de imagens de rostos tiradas em várias idades incluem frequentemente dois tipos de informação distintos, que estão respetivamente ligados à idade do sujeito e à identidade do rosto. Tendo em conta este facto, os modelos discriminativos entre idades centram-se na forma de separar os componentes dependentes da identidade dos traços faciais recuperados. A codificação de referência entre idades é uma abordagem única apresentada por (Chen et al, 2014). Este método codifica uma imagem numa referência de idade cruzada para gerar uma representação de caraterísticas invariantes em relação à idade. Um modelo de ciclo de idade-adversarial foi desenvolvido por (Du et al, 2019) e usa apenas rótulos de idade para fins de treinamento. O modelo extrai propriedades invariantes em relação à idade.

Para enfrentar o desafio CAFR, (Huang et al., 2018) tiveram a ideia de criar a Age- Puzzle FaceNet (APFN), que foi construída com base num processo de formação contraditório. Após algum tempo, (Huang et al., 2020) reviram a APFN para a tornar mais condensada e resistente aos efeitos da flutuação da idade.

Algumas abordagens recentemente sugeridas partem do pressuposto de que as caraterísticas de todo o rosto podem ser decompostas em variáveis relacionadas com a idade e em factores que são independentes da idade. Estas metodologias concentram-se em desmontar os aspectos do envelhecimento e da identidade de uma forma distinta. Utilizando uma análise de factores ocultos, por exemplo, (Gong et al, 2013) distinguiram entre variáveis relacionadas com a identidade e factores relacionados com a idade.

Para diferenciar os dois componentes, (Wen et al, 2016) construiu uma camada de análise de identidade latente. A tarefa de estimativa da idade é utilizada para orientar a separação das caraterísticas da idade da camada de caraterísticas de identificação na rede neural convolucional orientada para a estimativa da idade (Zheng, T, 2017). Para lidar com o desafio CAFR, foi introduzida a decomposição de caraterísticas numa CNN de incorporação ortogonal (OE-CNN) e uma versão modificada da perda de Face Sphere (Liu, W et al, 2017). Para fazer a decomposição de caraterísticas de uma forma adversária, (Wang et al, 2019) apresentou o método DAL como solução. Os traços faciais foram categorizados em grupos por (Wu et al, 2020), que posteriormente recombinaram as caraterísticas para produzir representações dependentes da identidade das caraterísticas faciais que não são afectadas pelo processo natural de envelhecimento. (Xie et al, 2022) introduziram a ideia de uma unidade de purificação, que eliminaria todas as informações supérfluas sobre a idade de uma pessoa e manteria apenas as informações relativas à sua identificação.

3 METODOLOGIA

3.1 Introdução

Este capítulo explica a abordagem de investigação e os algoritmos examinados e aplicados neste estudo. A secção 3.1 descreve a metodologia e a estratégia do projeto. A secção 3.2 aborda a estrutura do conjunto de dados a determinar, seguida da secção 3.3, que descreve a forma como os algoritmos serão utilizados e avaliados. A secção 3.4 enumera as bibliotecas que devem ser examinadas durante a duração do projeto. A secção 3.5 descreve o hardware utilizado. Por fim, a secção 3.6 discute a forma como os artefactos do projeto serão avaliados e as técnicas de avaliação habituais para os modelos.

3.2 Método e abordagem

Esta secção apresenta os métodos utilizados na produção de um sistema de reconhecimento facial. Cada ponto representa os passos dados para processar e resolver os desafios.

- Etapa 1: É efectuado um estudo da literatura para recolher informações sobre o reconhecimento facial e os modelos a utilizar.
- Etapa 2: A revisão da literatura conduzirá à seleção de um método adequado para a preparação dos dados.
- Etapa 3: Identificar as fontes de dados de reconhecimento facial a utilizar tanto para a formação como para a determinação. A seleção do conjunto de dados correto será importante para o resultado
- Etapa 4: identificação das redes a utilizar
- Etapa 5: Preparação dos dados para as redes; por exemplo, quando a imagem de entrada é enviada para o algoritmo de reconhecimento facial, deve ser cortada e estar no formato correto (png, jpg ou jpeg).
- Etapa 6: A modelação de todas as redes é efectuada com base nos

dados mencionados na etapa anterior.

- Etapa 7: envolve a avaliação, que compara várias redes e descarta algumas delas neste estudo devido à sua baixa precisão, sobreajuste ou resultados demasiado distorcidos.
- Etapa 8: o software será executado
- Etapa 9: os resultados serão analisados e avaliados, e os melhores sistemas serão selecionados
- Etapa 10 Serão apresentadas conclusões e recomendações

3.3 Estrutura do conjunto de dados

Cada celebridade tem a sua própria pasta dedicada, dentro da qual todas as imagens foram cuidadosamente organizadas. Cada uma destas pastas incluirá imagens relativas a uma celebridade diferente. Estas pastas serão utilizadas para construir as classes que os classificadores de aprendizagem profunda irão utilizar. Depois disso, estas imagens são transformadas em matrizes numpy e guardadas como ficheiros.npy para imagens de tamanho (64,64), (128,128) e (256,256), que serão utilizadas na experiência (Chen, B.C., et al., 2015).

3.4 Escolha do algoritmo

Depois de analisar toda a literatura, verificou-se que os sistemas de reconhecimento facial são, em última análise, sistemas de classificação de imagens que atribuem uma "identidade de pessoa" à imagem em causa. No caso da classificação tradicional de imagens, o número de imagens a partir das quais o modelo é treinado é muito elevado em termos de número por classe e o número de classes é também muito baixo, mas no caso do reconhecimento de faces não é viável ter um número de imagens faciais da ordem dos 100 ou 1000 por classe, pelo que se suspeita que estes classificadores não terão um desempenho muito bom. A literatura sugere métodos como a aprendizagem de uma só vez (one-shot learning) e a aprendizagem de poucas vezes (few shot learning). Estas técnicas, por sua vez, implementam métodos baseados na perda contrastiva, modelos de auto-similaridade, aprendizagem métrica, etc. (Zhao, W. et al, 2003). O conjunto de dados contém 163 446 imagens de 2 000 celebridades após a remoção das imagens com ruído, o que constitui o maior conjunto de dados de idades cruzadas publicamente disponível, tanto quanto sabemos. As estatísticas do conjunto de dados e a comparação com outros conjuntos de dados de rostos existentes são apresentadas no Quadro I, e o nosso conjunto de dados tem o maior número de imagens com variação de idade. Em comparação com o conjunto de dados MORPH, as diferenças de idade para o CACD entre imagens da mesma pessoa são maiores. O FG- NET tem intervalos de idade maiores, mas este conjunto de dados contém apenas algumas imagens de um número limitado de pessoas. O quadro II mostra a distribuição dos conjuntos de dados com diferentes idades. Tanto o MORPH como o CACD não contêm imagens com idade igual ou inferior a 10 anos, enquanto o FG-NET tem mais imagens de idades mais jovens. No entanto, o CACD tem mais imagens para todas as outras idades. Para compreender melhor o conjunto de dados, também executámos a deteção de raça e género utilizando um sistema comercial para analisar as distribuições de género e raça dos conjuntos de dados. Os resultados são apresentados na figura 2. Podemos ver que os números de homens e mulheres no CACD são aproximadamente iguais, mas o conjunto de dados MORPH é constituído maioritariamente por indivíduos do sexo masculino. O CACD é constituído maioritariamente por pessoas brancas, porque a lista de nomes é obtida do IMDB, enquanto o conjunto de dados MORPH é constituído maioritariamente por pessoas negras. Note-se que o CACD atualmente só contém imagens de 2004-2013. Mais imagens, incluindo imagens tiradas depois de 2013 e imagens antes de 2004, podem ser facilmente adicionadas para alargar o conjunto de dados, uma vez que os nomes das celebridades estão disponíveis publicamente.

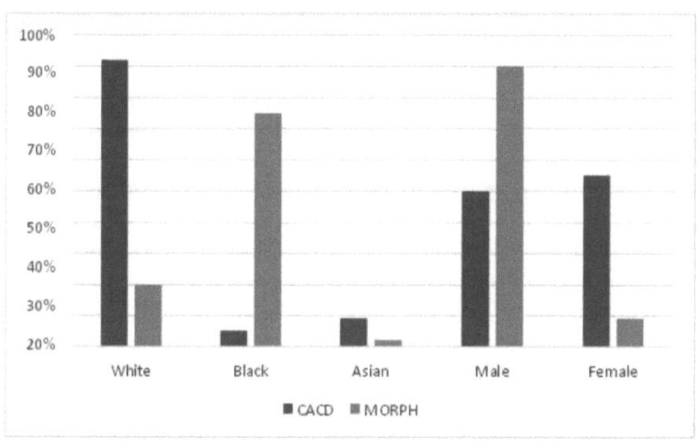

Figura 1: Comparação entre a rede neural convolucional CACD e a rede neural convolucional MORPH

Uma rede neural convolucional é uma abordagem generalizada e bem conhecida para a categorização de imagens (CNN). Existem muitas CNNs distintas e, embora todas tenham a mesma estrutura fundamental, os seus desenhos podem parecer bastante diferentes uns dos outros. Todas as CNNs têm o mesmo formato fundamental nas suas transmissões. Camadas convolucionais, camadas de agrupamento, camadas totalmente conectadas e camadas de saída são os tipos de camadas utilizadas em todas as CNNs. Nas camadas convolucionais, existem vários núcleos e cada um destes núcleos é responsável pelo cálculo das representações das caraterísticas da imagem. A representação das caraterísticas é designada por mapa de caraterísticas e inclui os valores da face. Depois de concluída, uma camada de pooling vai tentar diminuir a resolução dos mapas de caraterísticas. Na maioria dos casos, há muitas camadas de operações convolucionais e de pooling (Goodfellow, I. et al, 2016). Em poucas palavras, a primeira camada convolucional é responsável por localizar o que é conhecido como caraterísticas de baixo nível numa imagem. Depois disso, vem a camada convolucional, que será responsável pela extração de caraterísticas mais abstractas. Normalmente, as camadas totalmente ligadas vêm depois das camadas convolucionais e de pooling numa rede neuronal. As camadas totalmente ligadas têm a responsabilidade de estabelecer um canal de comunicação entre os neurónios. O nome da última camada da CNN, que é também o seu nome, é a camada de saída. Um exemplo de uma função que pode ser utilizada na última camada é a função SoftMax. A figura 4 ilustra a arquitetura de uma CNN (Krizhevsky, A et al, 2013).

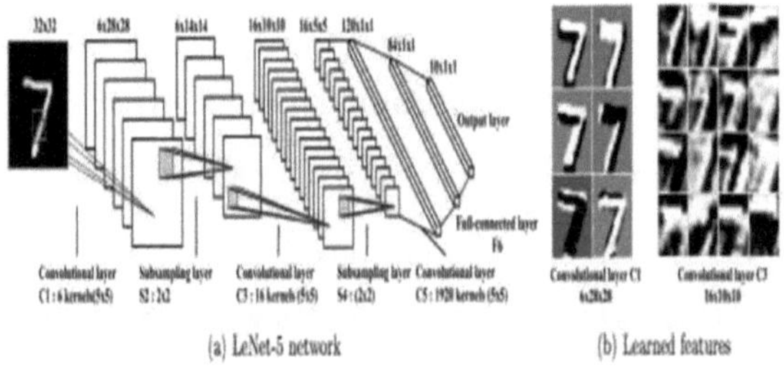

Figura 2: Arquitetura da CNN

Aprendizagem Zero-Shot

A aprendizagem de modelos sem rotulagem de dados é a dificuldade da aprendizagem zero-shot. A aprendizagem zero shot requer pouca participação humana, uma vez que os modelos se baseiam em conceitos treinados e em dados actuais. Esta estratégia reduz o tempo e o esforço que a etiquetagem dos dados exige. Em vez de fornecer exemplos de treino, a aprendizagem zero-shot fornece uma representação de alto nível de novas categorias para que o computador as possa ligar a categorias previamente aprendidas. A visão computacional, o processamento de linguagem natural e a perceção automática podem empregar abordagens de aprendizagem zero-shot (Wang, W., et al, 2019).

Fundamentalmente, a aprendizagem zero-shot consiste em duas fases: formação e inferência. Durante a fase de formação, a camada intermédia de propriedades semânticas é recolhida e, durante a fase de inferência, esta informação é utilizada para prever classes entre um novo conjunto de classes. A segunda camada a este nível representa a ligação entre atributos e classes e fixa as classes utilizando a assinatura de caraterísticas inicial das classes.

Existem duas estratégias distintas que podem ser utilizadas no processo de modelação quando se utiliza a aprendizagem zero-shot:

1. Uma técnica que se baseia na incorporação traduz as propriedades semânticas juntamente com as caraterísticas da imagem num espaço de incorporação partilhado. Para o efeito, utiliza uma função de projeção que foi adquirida através do estudo de redes neuronais profundas. O objetivo do modelo é descobrir uma função de projeção do espaço visual para o espaço semântico, utilizando dados de categorias que foram observadas enquanto o modelo está a ser treinado. As redes neuronais profundas são utilizadas para treinar a função de projeção, o que é adequado dado que as redes neuronais são frequentemente utilizadas como aproximadores de funções.

2. Abordagem que se baseia em modelos generativos: Utilizando as propriedades semânticas como base, esta estratégia procura desenvolver caraterísticas de imagem para categorias que ainda não foram observadas. O método baseado na incorporação sofre de enviesamento e de mudança de domínio, ambos abordados por esta técnica (Chou, Y.Y. et al, 2020).

Aprendizagem de uma só vez

Trata-se de um desafio que envolve a classificação de itens; as técnicas de aprendizagem automática necessitam frequentemente de treino em centenas ou milhares de amostras, o que resulta num grande conjunto de dados. A aprendizagem de uma só vez procura adquirir conhecimentos a partir de um único ou de poucos exemplos. Na aprendizagem automática, aprender com poucos exemplos continua a ser uma dificuldade significativa. Assim, o trabalho é difícil, uma vez que pode haver um número restrito de exemplos por classe, o que resulta num número limitado de instâncias de treino e, em certas situações, apenas uma imagem para cada uma delas. Esta dificuldade surge em várias situações reais. A aprendizagem one-shot é um método para resolver problemas de categorização utilizando dados previamente recolhidos. A aprendizagem one-shot é frequentemente utilizada no domínio da tecnologia de reconhecimento facial, que inclui a verificação e identificação facial. O processo de aprendizagem da incorporação de faces, um tipo de representação rica de caraterísticas de baixa dimensão, é utilizado por algoritmos de reconhecimento facial. O método conhecido como rede siamesa tem sido utilizado para a aprendizagem de uma só vez. Passado algum tempo, as redes siamesas foram avaliadas com funções de perda contrastivas. Depois disso, a função de perda tripla foi testada e considerada superior; assim, o sistema FaceNet começou a utilizá-la. Atualmente, as funções de perda contrastiva e de perda tripla são implementadas para produzir registos faciais de alta qualidade, que evoluíram para os blocos de construção fundamentais do reconhecimento facial contemporâneo (Wang Y, et al, 2020).

Aprendizagem Contrastiva

A aprendizagem contrastiva é um método de aprendizagem automática que é utilizado para aprender as caraterísticas gerais de um conjunto de dados sem utilizar rótulos. Isto é conseguido dando instruções ao modelo sobre quais os pontos de dados que são comparáveis entre si e quais os pontos de dados que são dissemelhantes. A aprendizagem contrastiva é um método que pode ser utilizado para definir a tarefa de descobrir itens que são semelhantes e diferentes entre si para um modelo de aprendizagem automática. Com este método, é possível treinar um modelo de aprendizagem automática para diferenciar entre imagens semelhantes e não semelhantes. O princípio fundamental da aprendizagem contrastiva é atrair os pares de amostras que contêm informações positivas e afastar os pares de amostras que contêm informações negativas. Nos últimos tempos, tem-se assistido à aplicação desta metodologia, utilizada para a aprendizagem não supervisionada ou auto-supervisionada de representações. A aprendizagem contrastiva tem sido desenvolvida de forma simples e eficaz. utilizando ligações de rede siamesas em contextos reais de sala de aula, as estratégias de aprendizagem contrastiva beneficiam de um grande número de exemplos negativos. Existe a possibilidade de guardar exemplos num banco de memória. O SimCLR utiliza diretamente amostras negativas que coexistem atualmente no lote e requer também um lote de grandes dimensões para funcionar eficazmente (Tian, Y et al, 2020).

Rede Neural Siamesa

A rede neural siamesa é uma rede neural artificial que utiliza os mesmos pesos, operando em simultâneo em dois vectores de entrada separados, para calcular vectores de saída equivalentes. Este tipo de rede neuronal é também frequentemente designado por rede neuronal gémea. É prática comum pré-computar um dos vectores de saída, a fim de fornecer uma referência em relação à qual o outro vetor de saída pode ser avaliado. A comparação de impressões digitais é uma boa analogia para este processo, mas uma função de distância para hashing sensível à localidade é uma descrição mais exacta do que se passa aqui. É concebível conceber e construir uma infraestrutura que, embora funcionalmente análoga a uma rede siamesa, sirva um objetivo marginalmente distinto dessa rede. As redes siamesas são um tipo de rede neural em que os pesos são partilhados por duas ou mais redes irmãs, cada uma das quais gera um vetor de incorporação com base nas suas próprias entradas. Os espaços de incorporação que reflectem a segmentação por classes das entradas de treino são o resultado final da aprendizagem supervisionada por semelhança, em que as redes são treinadas para maximizar o contraste (distância) entre as incrustações de entradas de classes diferentes, minimizando simultaneamente a distância entre incrustações de classes semelhantes.Uma rede neuronal siamesa é uma rede neuronal artificial que utiliza os mesmos pesos para calcular vectores de saída equivalentes a partir de dois vectores de entrada distintos. Por conseguinte, é também conhecida como rede neural gémea. A conceção da rede utiliza duas imagens de entrada que são enviadas para as redes neuronais. Posteriormente, o modelo gera dois mapas de caraterísticas, ou vectores, que representam os rostos. A função de distância é então utilizada para estes vectores para determinar as semelhanças entre os dois mapas de caraterísticas. Durante o treino da rede, o objetivo é minimizar a função de distância entre classes com caraterísticas semelhantes e maximizar a distância entre classes não correlacionadas (Chicco, D, 2021). As redes siamesas são modelos alargados que podem ser utilizados para comparar diferentes tipos de coisas. A verificação da assinatura e do rosto de uma pessoa, bem como o rastreio, a aprendizagem de uma só vez e outras aplicações são algumas das suas utilizações. Em aplicações típicas, as entradas para as redes siamesas provêm de uma variedade de imagens, e as saídas dessas redes são tipicamente a supervisão que decidirá quão comparáveis são as coisas. (Koch G, et al 2015) Aplicações de semelhança O reconhecimento de cheques manuscritos, a deteção automática de rostos em imagens de câmaras e a correspondência de consultas com documentos indexados são exemplos de aplicações possíveis para uma rede de gémeos. Outras aplicações possíveis incluem a correspondência de consultas com documentos indexados. O reconhecimento de rostos é talvez a utilização mais conhecida das redes gémeas. Nesta aplicação, imagens conhecidas de pessoas são pré-computadas e comparadas com uma imagem obtida de um torniquete ou algo do género. À primeira vista, pode não ser claro que estão aqui em causa duas questões distintas. O desafio do reconhecimento facial consiste, entre outras coisas, em identificar um único indivíduo no meio de um enorme grupo de outras pessoas. Um sistema que se enquadra nesta categoria chama-se DeepFace. Na sua forma mais pura, isto consistiria em identificar um único indivíduo num centro de transportes públicos (como um aeroporto ou uma estação de comboios). O segundo método é conhecido como verificação facial e o seu objetivo é determinar se uma pessoa que afirma ser a mesma pessoa que a fotografia num passe é realmente a mesma pessoa. É possível que a rede gémea seja exatamente a mesma, mas a implementação pode ser bastante diferente (Chicco, D. 2021). resultados e discussão

Perda contrastiva

A perda contrastiva foi um dos primeiros objectivos de treino para a aprendizagem contrastiva. Aceita como entrada um par de amostras semelhantes ou diferentes, aproximando as amostras semelhantes e afastando as dissemelhantes. Formalmente, assumimos que temos um par (I_j, I_K) e um rótulo Y igual a 0 se as amostras forem comparáveis e 1 se não forem. Para extrair uma representação de baixa dimensão de cada amostra, utilizamos uma função de Rede Neural Convolucional (CNN) que codifica as imagens de entrada I_j e I_k num espaço de incorporação com $x_i = f(x_i)$ e $x_j = f(I_j)$. A perda de contraste é caracterizada como:

$$L = (1 - Y) * || x_i - x ||_j^2 + Y * max(0, m - ||x_i - x||)_j^2$$

onde m é um hiperparâmetro que especifica a distância mínima permitida entre diferentes amostras. Se examinarmos a equação acima com mais profundidade, existem duas situações distintas:

Se as amostras forem comparáveis (Y=0), minimizamos o termo da distância euclidiana $|| x_i$ - x2

$||x_i - x_j||^2$. Se as amostras forem dissimilares (Y=1), minimizamos o termo max (0, m - $||x_i - x||_j^2$), que corresponde a maximizar a sua distância euclidiana até um determinado limite m (Wang, F. et al, 2021).

Rede siamesa e aprendizagem contrastiva.

As redes siamesas contrastivas são uma técnica poderosa para a aprendizagem contrastiva que utiliza a perda contrastiva para inserir amostras semanticamente comparáveis mais próximas e imagens dissemelhantes mais afastadas. As semelhanças locais também foram aprendidas com a utilização de redes siamesas, e estas aprendizagens foram utilizadas para realizar a correspondência e o registo de imagens (Chen T, et al, 2020). Tanto o reconhecimento de uma imagem como a reidentificação humana beneficiaram da incorporação que é aprendida pelas redes siamesas. Foi também sugerido que as redes siamesas totalmente convolucionais podem produzir incrustações de janela deslizante densas e eficientes, que demonstraram um sucesso notável quando aplicadas a tarefas de seguimento de objectos visuais. As redes triplas são outro método bem conhecido para a aprendizagem contrastiva (Wiggers, K.L, et al, 2019).O método Contrastive Self-Supervised Learning (CSL) é uma solução útil que emprega uma estratégia de aprendizagem não supervisionada para descobrir representações visuais significativas a partir de grandes quantidades de dados. Na sua forma mais básica, o CSL incorpora as caraterísticas derivadas das redes neuronais numa variedade de estruturas topológicas. No decurso da formação, a perda contrastiva reúne as várias representações da mesma entrada, ao mesmo tempo que afasta as incorporações das várias outras entradas. O termo de perda exige um elevado número de amostras negativas, o que é uma das desvantagens da CSL. Para obter uma melhor informação mútua, a situação ideal exige que o faça. No entanto, o aumento do número de amostras negativas através da utilização de um tamanho de lote de execução maior também aumenta as consequências dos falsos negativos. As amostras que são semanticamente idênticas são afastadas da âncora, o que resulta numa degradação do desempenho mais a jusante. Nesta investigação, abordamos esta questão apresentando uma estrutura de aprendizagem contrastiva que não só é simples como também muito eficiente. A descoberta essencial consiste em utilizar uma perda métrica do tipo siamês para fazer corresponder as caraterísticas encontradas no interior do protótipo, aumentando simultaneamente a distância entre as caraterísticas encontradas noutros protótipos (Chen, X. et al,2020).

Aprendizagem métrica

O objetivo da otimização da métrica da distância na aprendizagem métrica é avaliar o grau de semelhança entre amostras. Uma vez que a maioria das estratégias de aprendizagem métrica se baseia numa projeção linear, são inadequadas para lidar com questões do mundo real que apresentam propriedades não lineares. A aprendizagem métrica utiliza métodos de kernel para lidar com este problema. Como solução superior para dados não lineares, a aprendizagem métrica profunda através de funções de ativação atraiu recentemente o interesse de académicos de várias disciplinas. À luz da investigação atual, este ensaio tenta esclarecer a importância da aprendizagem métrica profunda e os desafios enfrentados por quem trabalha nesta área. Os estudos existentes, muitos dos quais foram motivados pelas redes siamesas e triplas, são frequentemente utilizados para correlacionar amostras, utilizando pesos partilhados na aprendizagem métrica profunda (Chopra, S., et al, 2005). A capacidade destas redes para compreenderem a ligação de semelhança entre amostras é crucial para a sua eficácia. Além disso, os investigadores têm dificuldade em melhorar o desempenho do modelo de rede devido à técnica de amostragem, à medida de distância adequada e à topologia da rede. Este documento é importante porque é a primeira investigação aprofundada a investigar e avaliar cuidadosamente todos estes elementos, e fá-lo comparando os resultados quantitativos de diferentes abordagens (Cao, Q, et al, 2020).

Aprendizagem com poucos disparos

A aprendizagem com poucos disparos, frequentemente designada por aprendizagem com poucos disparos, utiliza um número muito reduzido de amostras de dados recentemente adquiridos para aprender uma nova função. O método de aprendizagem de poucos disparos aborda uma determinada categoria de problemas de aprendizagem de máquinas, que será denotada pela letra E, e é composta por um conjunto condensado de instâncias que fornecem informações supervisionadas para o objetivo T. Como o GPT3 é um aprendiz de poucos disparos, o OpenAI utiliza frequentemente a técnica de aprendizagem de poucos disparos (Liu, X. et al, 2021).

A investigação publicada em 2019 com o título "Meta-Transfer Learning for Few Shots Learning" abordou os problemas apresentados pelos cenários de poucos disparos. Desde essa altura, uma questão de meta-aprendizagem passou a ser conhecida como aprendizagem de poucas oportunidades (Sun, Q, et al, 2019). O conceito de aprendizagem de poucos disparos pode ser abordado de dois ângulos diferentes:

1. A abordagem ao nível dos dados é um método que afirma que, no caso de não haver informação suficiente para construir um modelo fiável, é possível acrescentar informação adicional para evitar o sobreajuste e o subajuste. A técnica ao nível dos dados começa com um enorme conjunto de dados de base e, em seguida, acrescenta caraterísticas adicionais sobre o mesmo (Dedhia, K, et al, 2022).

2. Abordagem ao nível dos parâmetros: Abordagem adoptada ao nível dos parâmetros para ultrapassar o problema de sobreajustamento que surge na aprendizagem com poucas tentativas, a estratégia ao nível dos parâmetros deve restringir o espaço dos parâmetros, utilizar a regularização e aplicar funções de perda adequadas. As amostras de treino restritas serão generalizadas como resultado deste processo. Esta estratégia tem o potencial de melhorar o desempenho do modelo, direcionando-o para o vasto espaço de parâmetros. Uma vez que uma menor quantidade de dados de treino não produzirá resultados exactos, é útil adotar uma abordagem do problema ao nível dos parâmetros (Dedhia, K, et al, 2022).

3.4.10 Aprendizagem da métrica de semelhança

O reconhecimento facial tem atraído cada vez mais atenção devido às suas aplicações em biometria e vigilância. Recentemente, tem-se dedicado uma investigação considerável ao problema da verificação facial sem restrições, cuja tarefa consiste em prever se duas imagens de rostos representam a mesma pessoa. As imagens de rostos são obtidas em condições não restritas e apresentam variações significativas em termos de fundo complexo, iluminação, pose e expressão. Além disso, o procedimento de avaliação para a verificação de rostos assume normalmente que as identidades pessoais nos conjuntos de treino e teste são exclusivas, exigindo a previsão de rostos nunca antes vistos. Ambos os factores tornam a verificação de rostos muito difícil, por exemplo, o conjunto de dados Labelled Faces in the Wild (LFW) (Duffner, S, et al, 2021).

A aprendizagem de métricas de semelhança oferece uma solução natural para a verificação de rostos, comparando pares de imagens com base na semelhança ou na métrica de distância aprendida com os dados. A intuição básica é que a pontuação de semelhança entre um par de imagens de uma identidade distinta deve ser menor do que a pontuação entre um par de imagens da mesma identidade. A aprendizagem de métricas de semelhança fornece uma solução natural para a verificação de rostos, comparando pares de imagens com base na métrica de semelhança ou distância aprendida a partir dos dados. A intuição básica é que a pontuação de similaridade entre um par de imagens de uma identidade distinta deve ser menor do que a pontuação entre um par de imagens da mesma identidade (Cao, Q, et al, 2013).

3.5 Requisitos de software

Aqui utilizámos várias bibliotecas para utilizar o algoritmo de aprendizagem profunda para o sistema de reconhecimento e identificação facial. E cada biblioteca e vários requisitos de software são indicados nesta secção.

Bibliotecas

Foram utilizadas várias bibliotecas para desenvolver algoritmos de aprendizagem automática ao longo do projeto. A maioria dos algoritmos são pacotes de aprendizagem automática baseados em Python. No entanto, as bibliotecas de aprendizagem automática não são as únicas utilizadas. As bibliotecas são descritas na secção que se segue. O TensorFlow é um conjunto de ferramentas Python de código aberto para inteligência artificial. Está bem documentado e permite aos programadores conceber redes neurais com várias camadas em grande escala. Pode ser executado tanto numa CPU como numa GPU. Esta biblioteca é utilizada para carregar modelos de incepção (Abadi, M, et al, 2016).

O NumPy é um pacote Python que permite a utilização de matrizes e arrays multidimensionais maciços. Esta biblioteca é utilizada para operações baseadas em matrizes (NumPy docs).

Matplotlib é uma biblioteca Python que permite a criação de visualizações estáticas, animadas e interactivas. É um instrumento útil para a aprendizagem automática. Esta biblioteca é utilizada para ilustrar a precisão das técnicas de aprendizagem automática (Matplotlib docs).

O OpenCV é uma biblioteca gratuita para visão computacional e aprendizagem automática. Suporta C++ e Python, entre outras linguagens. Esta biblioteca foi amplamente utilizada neste projeto para ler imagens, dimensionar imagens, converter imagens para RGB e exportar imagens, bem como para fazer funcionar o sistema de reconhecimento facial em tempo real (OpenCV docs).

O Jupyter Notebook é um ambiente de desenvolvimento interativo para o Jupyter Notebook que é construído na Web. Pode ser utilizado tanto para código como para dados. O programa é posto em ação e testado neste ambiente (Jupyter docs).

O método de aprendizagem automática de código aberto conhecido como SKlearn é capaz de suportar funcionalidades como as matrizes multidimensionais. Além disso, esta biblioteca oferece suporte para operações matemáticas de alto nível que podem ser executadas em matrizes. Adicionalmente, é compatível com métodos de aprendizagem automática (sklearn docs).

O comando glob é utilizado para localizar todos os nomes de caminho que correspondem a um determinado padrão de acordo com as diretrizes que são seguidas pela shell Unix (python docs).

4 RESULTADOS E DISCUSSÃO

4.1 Introdução

Efectuámos uma série de experiências para avaliar o desempenho do nosso modelo treinado utilizando vários modelos de aprendizagem de disparos. As nossas experiências foram efectuadas com um conjunto de dados predefinido. O nosso método produz uma precisão de deteção substancialmente maior, aproximando-se dos 100%. Os sistemas de reconhecimento facial dependem fortemente da identificação de rostos. Consequentemente, para melhorar o processo de reconhecimento e deteção de faces, é necessário identificar caraterísticas significativas e valiosas, bem como metodologias melhoradas.

4.2 Requisitos do sistema e implementação

As experiências foram realizadas num computador equipado com uma CPU core i7 de 3,4 GHz, 16 GB de RAM e uma placa gráfica de 4 GB. O Python foi utilizado para concluir a implementação da abordagem sugerida. Recentemente, Python tem sido particularmente popular para questões de aprendizagem automática devido à disponibilidade de um vasto número de bibliotecas, como Scikit-learn e NumPy, bem como à versatilidade da linguagem. Para implementar a nossa estratégia anti-phishing, utilizámos os pacotes Python listados abaixo.

Scikit-learn: Esta biblioteca é utilizada para criar algoritmos de aprendizagem automática como Árvores de Decisão, Floresta Aleatória e Perceptron Multicamada.

SciPy: É utilizado na análise de dados estatísticos, como a descoberta de uma correlação entre dados.

Pandas: Esta ferramenta é utilizada para a análise e manipulação de dados.

Matplotlib: É utilizado para determinar a distribuição dos dados e para visualizar os resultados.

Como executar o projeto

• Abrir o jupyter-notebook.

• Abra o projeto no diretório raiz selecionado para executar o código.

• Utilize o pip para instalar as dependências necessárias.

• Quando as dependências tiverem sido descarregadas com sucesso, execute o kernel do jupyter- notebook.

• Depois de iniciar o Jupyter-notebook, utilize a opção "run all" para o executar.

4.3 Descrição do conjunto de dados

O conjunto de dados utilizado para este projeto é o CACD, que contém 163 446 imagens humanas de 2 000 celebridades. Estas imagens foram recolhidas online utilizando motores de busca por ano e nome de cada celebridade. As etiquetas de idade, que são obtidas calculando a data em que as fotografias foram tiradas e a informação da data de nascimento da celebridade, são portanto dados ruidosos com erros parciais de etiquetagem ou de imagem. Para melhor avaliar o desempenho, o CACD foi dividido em três partes, de acordo com as diferentes celebridades: 1800 para treinamento, 80 para validação e 120 para teste. Entre elas, as partes de validação e teste são conjuntos de dados limpos obtidos através da remoção manual de imagens com ruído. Nas nossas experiências, apenas foi utilizado um subconjunto limpo manualmente com 18 171 fotografias, o que permite calcular as idades das pessoas famosas mostradas nas fotografias, deduzindo simplesmente os seus anos de nascimento dos anos em que as fotografias foram tiradas.

4.4 Diagrama completo (diagrama de blocos)

Uma expressão pictórica da conceção global do sistema é apresentada no diagrama de fluxo e no diagrama de blocos, tal como representado na figura 3. A partir da conceção do sistema, o bloco de desenvolvimento do modelo, que constitui o cérebro principal do nosso projeto de trabalho, todos os outros blocos constituem a base em que o bloco de desenvolvimento do modelo é alcançado.

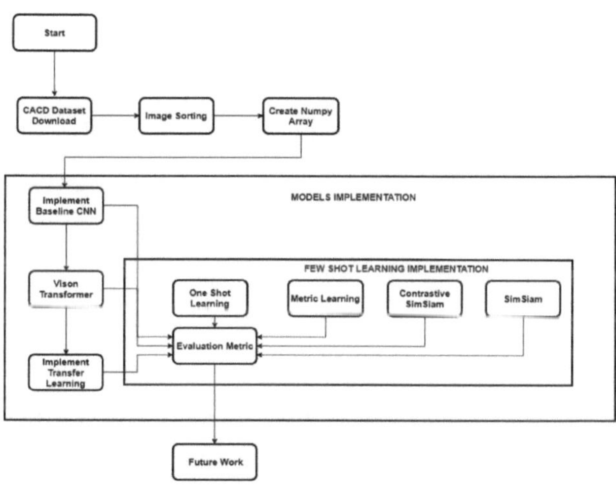

Figura 3: Diagrama de fluxo de implementação do projeto

Descarregamento de conjuntos de dados de bibliotecas, ordenação de imagens e criação de matrizes NumPy.

O conjunto de dados CACD foi descarregado a partir do URL de origem. Existem 160 mil imagens, cada uma delas presente numa pasta rotulada com a pessoa a quem o rosto pertence e a respectiva idade quando essas imagens foram tiradas. Durante a primeira fase, ordenei todas as imagens pertencentes a uma pessoa numa pasta específica. Em seguida, as imagens foram carregadas como conjunto de dados TensorFlow e convertidas numa matriz NumPy de três tamanhos diferentes, (32x32), (64x64) e (128,128), respetivamente. Foram utilizadas imagens de diferentes tamanhos para diferentes algoritmos, em função dos requisitos dessa arquitetura.

Avaliação e resultados

A aprendizagem profunda utiliza operações de convolução para extrair caraterísticas faciais, que são depois alimentadas a um classificador baseado na aprendizagem profunda.

4.4.2.1CNN de base

Em primeiro lugar, foi implementado um modelo CNN como linha de base para avaliar a eficácia dos modelos de aprendizagem profunda na deteção de rostos de um sistema. O modelo foi treinado passo a passo com 20 épocas com uma taxa de aprendizagem de 0,001, as próximas 50 épocas com 0,002 e as últimas 20 épocas com uma taxa de aprendizagem de 0,0005 do optimizador ADAM. A perda e a precisão do sistema são representadas para a época de cada um dos 3 conjuntos de treino diferentes abaixo. Este método utiliza uma taxa de formação diferencial.

1º Treino com taxa de aprendizagem de 0,001

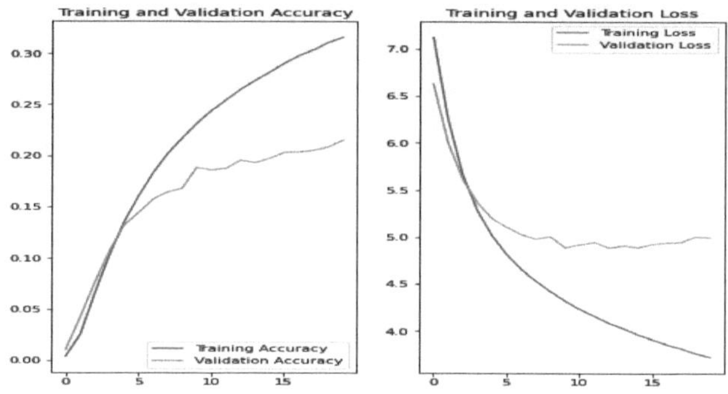

Figura 4: Treino com taxa de aprendizagem de 0,001

Nesta fase de treino, o modelo obtido tinha uma precisão de validação de quase 20%, com um claro problema de sobreajuste, pelo que se decidiu diminuir a taxa de aprendizagem para 0,0005.

Treino com 0,0005

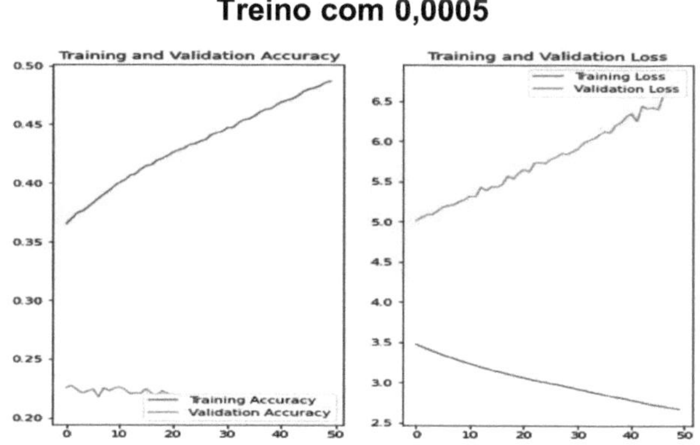

Figura 5: Formação do projeto com 0,0005

Nesta fase de validação, a precisão parece estar a diminuir ao longo de 50 épocas, pelo que se decidiu aumentar a taxa de aprendizagem do modelo para 0,002.

Treino com 0,002

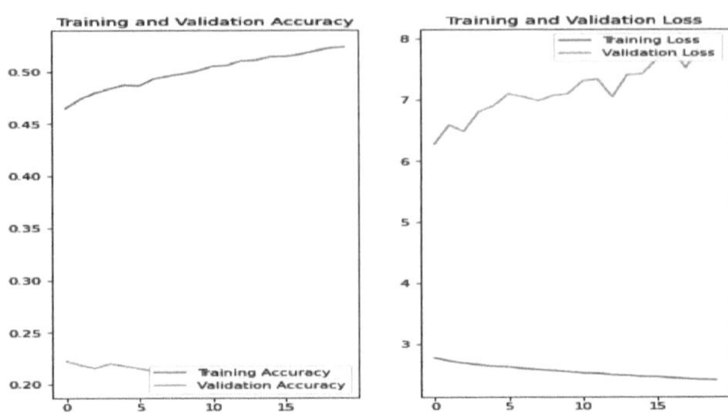

Figura 6: Formação do projeto com 0,0002

A exatidão da validação não parece mudar muito. Por conseguinte, concluiu-se que a precisão máxima da CNN é de 22,4%.

4.4.2.2Transformador de visão

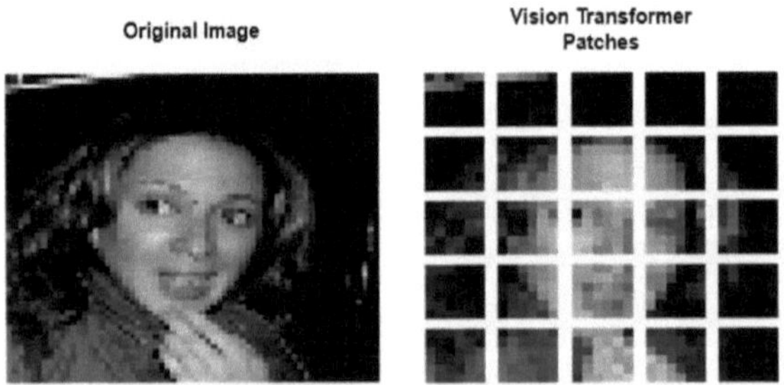

Figura 7: Comparação entre a imagem original e a imagem da transformada de Vison

Estas manchas de um tamanho definido são achatadas e projectadas linearmente para codificar a codificação posicional em cada uma delas individualmente. Uma vez concluída a codificação posicional, a sequência incorporada será passada para o transformador padrão.

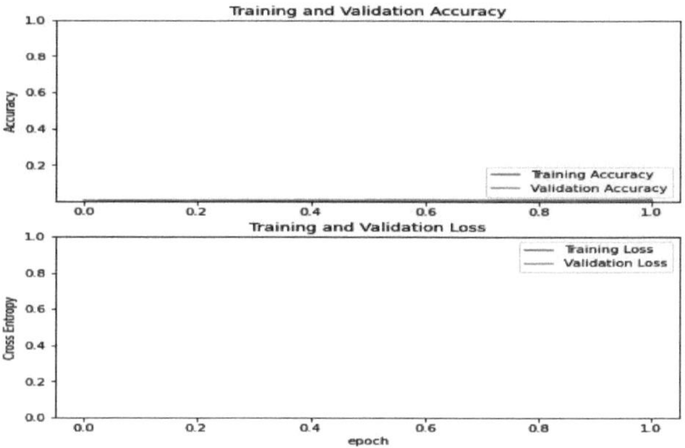

Figura 8: Precisão do transformador de visão e taxa de perdas

Perda e precisão do treino do transformador de visão, juntamente com perda e precisão da validação. Não se registam alterações significativas nas perdas e na precisão do treino, bem como nas perdas e na precisão da validação para cada uma das 10 épocas. A exatidão final alcançada é de 4,68% **Resnet-50** Durante a afinação do resnet-50, foi utilizado o critério de paragem precoce da aprendizagem por transferência. A paragem antecipada foi efectuada quando a perda não estava a diminuir nas 5 épocas seguintes. Só foram treinadas 11 épocas e o treino foi interrompido com uma precisão de validação de 2,5 %.

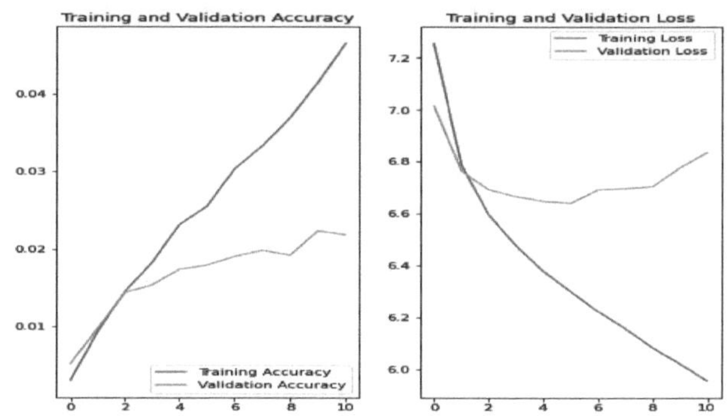

Figura 9: Aprendizagem por transferência Resnet-50

Na fase seguinte do treino, o treino foi efectuado para mais 11 épocas em que a precisão da validação aumentou até 3,1%.

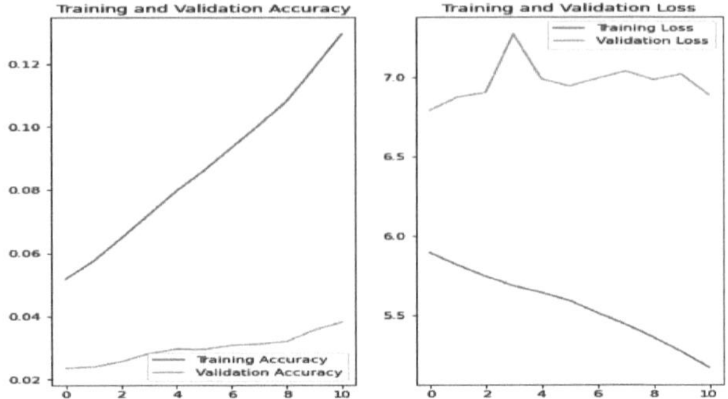

Figura 10: Treino em mais 11 épocas

Na fase seguinte do treino, que foi efectuada durante mais 29 épocas, a precisão da validação aumentou para 5,8 %. O sobreajuste do modelo pode ser facilmente detectado, uma vez que a divergência entre a precisão do treino e da validação é muito elevada e a perda de validação continua a aumentar em cada época.

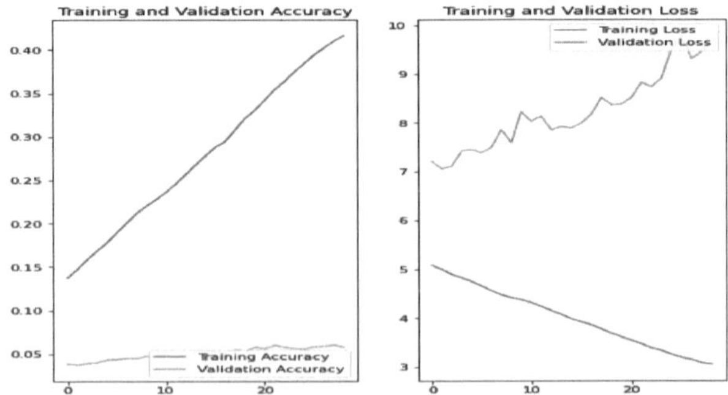

Figura 11: Treino em mais 29 épocas

4.4.2.3 SimSiam

Num desses métodos de aprendizagem de poucos disparos, conhecido como SimSiam, foi implementado para esta investigação, que se baseia no artigo Exploring Simple Siamese Representation Learning (Chen, X, et al, 2021). Seguem-se os passos da implementação efectiva:

1. Usando uma técnica de aumento estocástico de dados, geramos duas versões distintas do mesmo conjunto de dados. É importante ter em conta que a semente de inicialização aleatória tem de permanecer a mesma sempre que estas versões são criadas.
2. Começando com uma ResNet que não tem quaisquer cabeças de classificação (a espinha dorsal), construímos uma rede superficial totalmente ligada (a cabeça de projeção) sobre ela. Esta é designada por codificador quando considerada como um todo.
3. De seguida, enviamos a saída do codificador para um preditor, que é, mais uma vez, uma rede superficial totalmente ligada com uma topologia semelhante à do Autoencoder.
4. Em seguida, treinamos o nosso codificador para maximizar a semelhança de cosseno entre as duas versões distintas do nosso conjunto de dados.

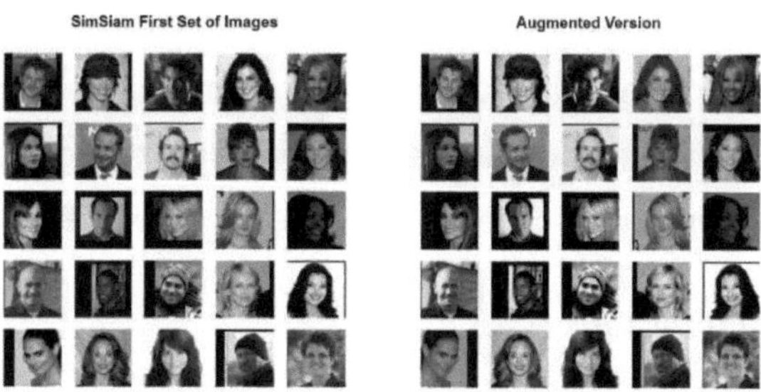

Figura 12: Imagens SimSiam vs Imagem Aumentada

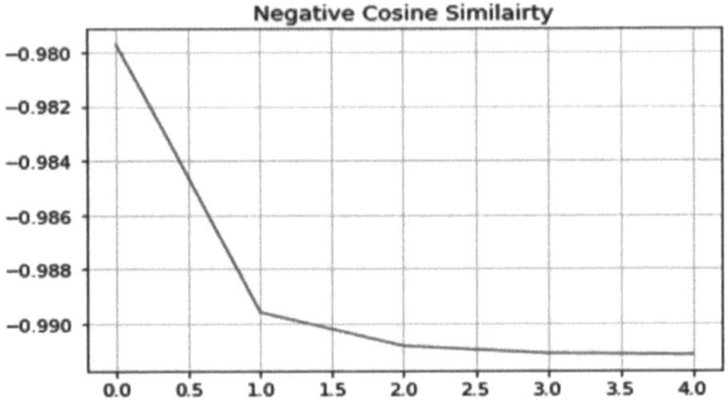

Figura 13: Similaridade de cosseno negativo do primeiro e do segundo conjunto de imagens do SimSiam

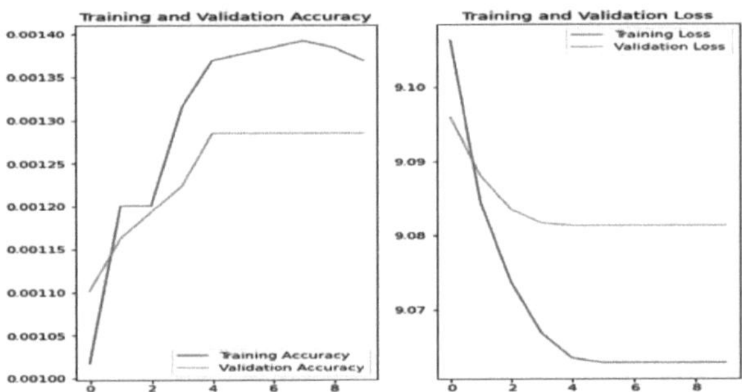

Figura 14: Exatidão da formação e da validação do modelo SimSiam, juntamente com as perdas na formação e na validação

Precisão de treino e validação do modelo SimSiam, juntamente com a perda de treino e validação para cada época de execução A precisão de validação alcançada após 10 épocas de treino é de apenas 0,13%.

Aprendizagem métrica

Os dados de treino que são fornecidos pela aprendizagem métrica não são apresentados sob a forma de pares explícitos (X, y); em vez disso, a aprendizagem métrica utiliza muitas instâncias que estão associadas à forma como a semelhança é representada. Neste projeto em particular, a semelhança pode ser representada através da utilização de instâncias da mesma classe; no entanto, uma única instância de treino não será uma única fotografia, mas sim um par de fotografias da mesma classe. Quando nos referirmos às fotografias incluídas neste par, utilizaremos a nomenclatura comum de aprendizagem métrica da âncora (uma fotografia que foi escolhida aleatoriamente) e da imagem positiva (outra imagem escolhida aleatoriamente da mesma classe). Para facilitar este processo, foi concebido um tipo de pesquisa que mapeia as classes para as instâncias específicas dessas classes. Quando se trata de criar novos dados para o treino, as amostras são retiradas desta pesquisa. A arquitetura converte uma imagem num embedding. Este modelo é constituído por uma sucessão simples de convoluções bidimensionais, seguidas de um agrupamento global e terminando com uma projeção linear para um espaço de incorporação. Os embeddings são normalizados, como é habitual no domínio da aprendizagem métrica, pelo que é possível utilizar produtos de pontos simples para avaliar o grau de semelhança. Este modelo foi propositadamente concebido para ser mais pequeno.

Figura 15: Imagens utilizadas para a aprendizagem métrica

Foi obtida uma exatidão de validação de 8,87 % com este algoritmo de aprendizagem métrica. Aqui exemplifiquei como a aprendizagem métrica foi capaz de emparelhar rostos semelhantes, embora a precisão seja bastante baixa, pelo que o falso emparelhamento pode ser detectado muitas vezes. Cada linha representa rostos de aspeto semelhante de acordo com o algoritmo de aprendizagem métrica:

Figura 16: Imagens devolvidas para aprendizagem métrica

Aprendizagem Contrastiva Siamesa Fazer representações em pares de imagens

Nesta etapa, o modelo será ensinado a distinguir entre classes distintas de dígitos. Por exemplo, um rosto pertencente a uma determinada celebridade tem de ser distinguido dos restantes rostos da base de dados. Para o fazer, escolhemos N fotografias aleatórias da classe A (como a famosa atriz Kate Winslet), e depois juntamos essas imagens a N imagens aleatórias de outra classe B. (por exemplo, a celebridade Jonny Depp). Depois, podemos proceder da mesma forma para todos os outros tipos de fotografias (para todas as celebridades). Depois de termos completado o processo de correspondência entre fotografias faciais e outras imagens faciais, podemos repeti-lo para as outras classes para identificar os restantes rostos de celebridades. O par que contém imagens da mesma celebridade é rotulado de 0 e o par com celebridades diferentes é rotulado de 1.

Figura 17: Vários rótulos de celebridades

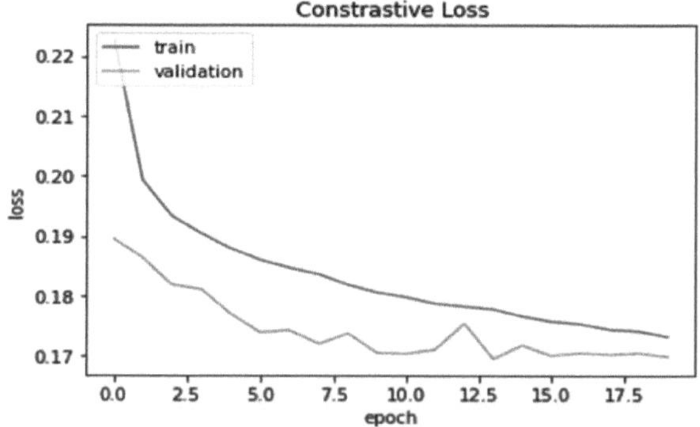

Figura 18: Perda por contraste

Verifica-se que a perda contrastiva está a diminuir em cada época, tanto no conjunto de dados de treino como no de validação.

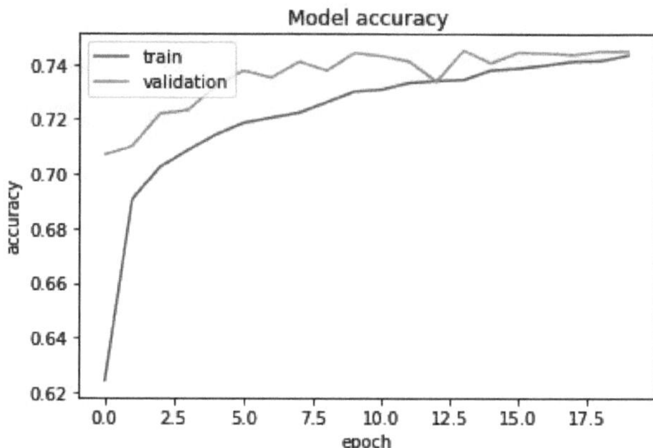

Figura 19: Exatidão do modelo

A precisão do treino e da validação está a aumentar nas 20 épocas. A aprendizagem contrastiva siamesa provou ser o melhor algoritmo de deteção de rostos, com uma precisão de quase 75%. Os resultados são apresentados em seguida: a métrica indicada na parte superior do par indica a semelhança; quanto mais elevada for a métrica, maior é a diferença entre os rostos e, por conseguinte, pertencem a pessoas diferentes. Se a semelhança for muito baixa, a imagem facial pertence à mesma celebridade

Figura 20: Semelhança de aprendizagem métrica

4.5Tabela de comparação de resultados

Quadro 1: Quadro de comparação dos resultados dos modelos

Modelos de aprendizagem profunda	Exatidão
Linha de base - CNN	22.2 %
Transformador de visão	4.68 %
SimSiam	0.13 %
ResNet-50	5.8 %
Aprendizagem métrica	8 %
Contrastivo siamês	74.47 %

5 CONCLUSÃO E RECOMENDAÇÃO

No decurso deste estudo, foi efectuada uma investigação aprofundada sobre o reconhecimento facial. Descobriu-se que estavam a ser utilizadas várias estratégias e sistemas distintos de reconhecimento facial. Para categorizar os dados de rostos para efeitos de reconhecimento e identificação de rostos, as abordagens simples de CNN pareciam não ter o desempenho necessário para o objetivo principal deste estudo, que era tirar partido de poucos métodos de aprendizagem de imagens. O aumento da imagem foi efectuado nos locais adequados para que o reconhecimento facial pudesse ser optimizado e melhorado em termos de precisão. O projeto foi um enorme sucesso, tal como evidenciado pelas conclusões de que a técnica de contraste siamês sugerida tinha uma vantagem significativa sobre outras abordagens num enorme conjunto de dados constituído por mais de 160 000 imagens e quase 2000 classes. Isto foi evidenciado pelo facto de a técnica contrastiva siamesa ter uma vantagem significativa sobre outras abordagens. A conceção e a implementação de um sistema de reconhecimento facial para detetar, fazer corresponder e reconhecer a imagem do rosto de uma pessoa a partir das suas próprias imagens, mesmo quando as imagens foram tiradas com um intervalo de tempo significativo, é o nosso principal objetivo, ao mesmo tempo que nos certificamos de que todos os nossos objectivos foram alcançados. As técnicas de deteção e reconhecimento de rostos cumprem este objetivo. Os rostos nas imagens adquiridas podem ser identificados, localizados e extraídos utilizando técnicas de deteção de rostos baseadas no conhecimento. O tom de pele e as caraterísticas faciais são os métodos utilizados. O reconhecimento facial é possível através de redes neuronais.

5.1 Limitações do projeto

Há formas de melhorar as secções de deteção de faces e de extração de caraterísticas faciais. Quando comparado com outros algoritmos, o volume computacional do nosso é o maior. Os cálculos de extração das caraterísticas faciais são elevados. O cálculo da orientação dos olhos, utilizado para reorientar a face candidata e extrair uma imagem de face orientada horizontalmente não está corretamente alinhada, é um ponto adicional. As limitações do componente de deteção também são um grande problema.

5.2 Trabalho futuro

Ao desenvolver um modelo utilizando uma arquitetura de rede neural de aprendizagem profunda, o desempenho do modelo pode ser melhorado modificando uma série de hiperparâmetros do modelo. Um processo contínuo de aumento da precisão dos modelos, a inclusão de novos conjuntos de dados e conjuntos de validação, bem como procedimentos híbridos, como técnicas de conjunto, podem ser utilizados para aumentar a precisão global. Outros métodos potenciais incluem: Um modelo também pode ser treinado novamente com um conjunto de dados diferente, se o utilizador assim o desejar. Uma outra estratégia para melhorar o desempenho geral do sistema consiste em recolher dados especializados sobre rostos e, em seguida, treinar novamente o modelo utilizando este pequeno conjunto de dados.

6 AVALIAÇÃO

Esta secção é uma parte facultativa da conceção de sistemas de reconhecimento de padrões, que se ocupa da avaliação do desempenho do sistema em termos de precisão. Nomeadamente, há muitas técnicas utilizadas para avaliar o desempenho dos sistemas de reconhecimento de padrões, como a validação cruzada Leave-One-Out, a validação cruzada k-folds, o erro absoluto médio (MAE), a pontuação cumulativa (CS) e a matriz de confusão. No entanto, nesta tese, utilizaremos duas técnicas para avaliar os sistemas de previsão do sexo e da idade, que são Leave-One-Out Cross-validation e técnicas de Matriz de Confusão, que serão brevemente discutidas nas sub-secções seguintes.

6.1 Leave-One-Out e K-fold Cross-validation

A validação cruzada é uma técnica utilizada para avaliar a classificação de sistemas. A ideia básica desta técnica depende da exceção de alguns dados do conjunto de dados antes do início da formação (para os utilizar como teste) e da utilização de todos os outros dados para a formação. Em geral, existem dois tipos de técnicas de validação cruzada: a validação cruzada exaustiva, conhecida como Leave-One-Out (LOO), e a validação cruzada não exaustiva, conhecida como K-fold. O mecanismo de validação cruzada Leave-One-Out (LOO) é simples: o conjunto de dados é dividido em N subconjuntos, em que N é o número de amostras do conjunto de dados. Em seguida, o processo de classificação é repetido N vezes, em cada vez, N -1 dos subconjuntos são utilizados para treinar o classificador, e apenas um subconjunto é utilizado para avaliação. Por exemplo, assumimos que o conjunto de dados inclui 100 amostras, pelo que é dividido em 100 subconjuntos (cada subconjunto tem uma amostra). Em seguida, o processo de classificação será repetido 100 vezes, em cada vez, será utilizada uma amostra (1 subconjunto) para avaliação e 99 amostras (todos os subconjuntos restantes) para treinar o classificador O mecanismo de validação cruzada K-fold é ligeiramente diferente do LOO, o conjunto de dados é distribuído em k dobras (por exemplo, 5 dobras) e, em seguida, o processo de classificação é repetido k vezes, em cada vez, apenas uma dobra é utilizada para a avaliação (conjunto de teste) e as outras dobras são combinadas para formar o conjunto de treino. Por exemplo, suponha que o conjunto de dados inclui 100 amostras e está dividido em 5 dobras (cada dobra tem 20 amostras). Depois, o processo de classificação repete-se 5 vezes, em cada uma das quais são utilizadas 20 amostras (1 dobra) para avaliação e 80 amostras (o número total de 4 dobras) para treinar o classificador. Nesta tese, a técnica Leave-One-Out Cross-Validation (LOO) foi aplicada nas bases de dados CACD para avaliar o desempenho dos classificadores CNN, One-Shot Learning e Siamese neural network. A base de dados CACD em escala de cinzentos tem 1 262 amostras, pelo que serão utilizados 1 262 subconjuntos. Em cada ciclo, o classificador utiliza um subconjunto para avaliação e os restantes subconjuntos para treino, e continua assim até terminar todos os subconjuntos. Finalmente, todas as 1262 previsões são resumidas e confirmam a avaliação do desempenho estável sem quaisquer dependências de objectos entre o conjunto de teste e de treino.

6.2 Matriz de confusão

A matriz de confusão, que também é designada por matriz de erros ou tabela de contingência, fornece um pormenor e uma visualização simples das classes previstas e reais que são obtidas por um classificador. O desempenho do sistema é geralmente avaliado utilizando os pormenores mencionados nesta matriz. A Figura 21 mostra o esquema da matriz de confusão de duas classes de classificação.

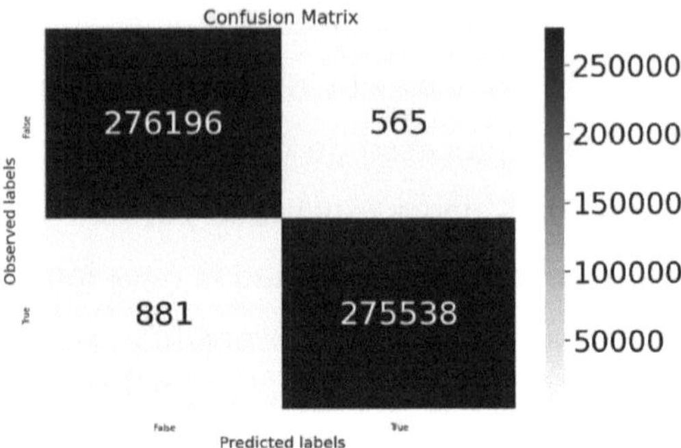

Figura 21: Matriz de confusão

REFERÊNCIAS

Ahonen, T., Hadid, A. e Pietikainen, M., 2006. Descrição de rostos com padrões binários locais: Application to face recognition. IEEE transactions on pattern analysis and machine intelligence, 28(12), pp.2037-2041.

Aksasse, B., Ouanan, H. e Ouanan, M. (2017). Nova abordagem para reconhecimento facial invariante de pose. Procedia Computer Science, 110, pp.434-439. doi:10.1016/j.procs.2017.06.108.

Basu, A., Routray, A. e Deb, A.K. (2015). Reconhecimento de emoção humana a partir de imagem térmica facial usando recursos baseados em histograma e máquina de vetor de suporte multiclasse. Actas da Conferência Internacional da Ásia de 2015 sobre Termografia Infravermelha Quantitativa. [online] doi:10.21611/qirt.2015.0055.

Bzdok, D., Krzywinski, M. e Altman, N. (2018). Aprendizagem automática: métodos supervisionados.
Nature Methods, 15(1), pp.5-6. doi:10.1038/nmeth.4551.

Chen, B.C., Chen, C.S. e Hsu, W.H., 2014, setembro. Codificação de referência de idade cruzada para reconhecimento e recuperação de rosto invariante de idade. Na conferência europeia sobre visão computacional (pp. 768-783). Springer, Cham.

Chen, B.C., Chen, C.S. e Hsu, W.H., 2015. Reconhecimento e recuperação de rosto usando codificação de referência de idade cruzada com conjunto de dados de celebridades de idade cruzada. IEEE Transactions on Multimedia, 17(6), pp.804-815.

Chen, D., Cao, X., Wen, F. e Sun, J., 2013. Bênção da dimensionalidade: caraterística de alta dimensão e sua compressão eficiente para verificação de rosto. Em Proceedings of the IEEE conference on computer vision and pattern recognition (pp. 3025-3032).

Chen, X., Li, C., Zhu, X., Zheng, L., Chen, Y., Zheng, S. e Yuan, C. (2022). Aprendizagem de recursos compartilhados por geração discriminante profunda para verificação de parentesco baseada em imagem. Processamento de sinais: Comunicação de imagem, 101, p.116543. doi:10.1016/j.image.2021.116543.

Du, L., Hu, H. e Wu, Y., 2019. Modelo de ciclo de idade-adversário baseado em rede de preservação de identidade e aprendizagem de transferência para reconhecimento facial entre idades. IEEE Transactions on Information Forensics and Security, 15, pp.2241-2252.

Gillikin, J. (2018). IA, aprendizagem automática, aprendizagem profunda e visão computacional. [online] VIA Technologies, Inc. Disponível em: https://www.viatech.com/en/2018/05/history-of- artificial-intelligence/.

Gritti, T., Shan, C., Jeanne, V. e Braspenning, R. (2008). Reconhecimento de expressões faciais baseado em caraterísticas locais com erros de registo de rosto. In: 2008 8th IEEE International Conference on Automatic Face & Gesture Recognition. doi:10.1109/afgr.2008.4813379.

Gundogdu, B. e Bianco, M.J. (2020). Aprendizagem colaborativa de métricas de similaridade para reconhecimento facial na natureza. IET Image Processing, 14(9), pp.1759-1768. doi:10.1049/iet- ipr.2019.0510.

Huang, D., Shan, C., Ardabilian, M., Wang, Y. e Chen, L. (2011). Padrões binários locais e sua aplicação à análise de imagens faciais: A Survey. IEEE Transactions on Systems, Man, and Cybernetics, Part C (Applications and Reviews), [online] 41(6), pp.765-781. doi:10.1109/tsmcc.2011.2118750.

Huang, G.B., Mattar, M., Berg, T. e Learned-Miller, E., 2008, outubro. Labeled faces in the wild: A database forstudying face recognition in unconstrained environments. In Workshop on faces in'Real-Life'Images: detection, alignment, and recognition.

Huang, Y., Chen, W. e Hu, H., 2018, dezembro. Faceta de quebra-cabeça de idade para reconhecimento facial entre idades. Na Conferência Asiática sobre Visão Computacional (pp. 603-619). Springer, Cham.

Huang, Z., Zhang, J. e Shan, H., 2021. Quando o reconhecimento facial invariante à idade encontra a síntese da idade do rosto: Uma estrutura de aprendizagem multitarefa. Em Proceedings of the IEEE/CVF Conference on Computer Vision and Pattern Recognition (pp. 7282-7291).

Jain, A.K., Klare, B. e Park, U., 2012. Face matching and retrieval in forensics applications (Correspondência e recuperação de rostos em aplicações forenses). IEEE multimedia, 19(1), p.20.

Liu, W., Wen, Y., Yu, Z., Li, M., Raj, B. e Song, L., 2017. Sphereface: Incorporação profunda de hiperesfera para reconhecimento facial. Em Actas da conferência do IEEE sobre visão computacional e reconhecimento de padrões (pp. 212-220).

Mane, S. e Shah, G. (2018). Reconhecimento facial, reconhecimento de expressões e identificação de género. Gestão de dados, análise e inovação, pp.275-290. doi:10.1007/978-981-13-1402-5_21.

Mannhardt, F., de Leoni, M., Reijers, H.A., Aalst, W.M.P. van der e Toussaint, P.J. (2018). Descoberta de processos guiados - uma abordagem baseada em padrões. Sistemas de Informação, 76, pp.1-18. doi:10.1016/j.is.2018.01.009.

Nguyen, H.V. e Bai, L. (2011). Aprendizagem da métrica de similaridade de cosseno para verificação de rosto.
Computer Vision - ACCV 2010, pp.709-720. doi:10.1007/978-3-642-19309-5_55.

Santos, M. (2021). Aprendizagem automática supervisionada vs não supervisionada. [online] Média. Disponível em: https://towardsdatascience.com/supervised-vs-unsupervised-machine-learning-ae895afc57f?gi=cdfdf9949518 [Acedido em 10 Jun. 2022].

Serraoui, I., Laiadi, O., Ouamane, A., Dornaika, F. e Taleb-Ahmed, A. (2022). Sistema de análise do subespaço tensorial baseado no conhecimento para verificação de parentesco. Neural Networks, 151, pp.222-237. doi:10.1016/j.neunet.2022.03.020.

Sun, Y., Chen, Y., Wang, X. e Tang, X., 2014. Representação facial de aprendizagem profunda por identificação-verificação conjunta. Avanços nos sistemas de processamento de informação neural, 27.

Sun, Y., Wang, X. e Tang, X., 2014. Representação facial de aprendizagem profunda a partir da previsão de 10.000 classes. Nos Anais da conferência do IEEE sobre visão computacional e reconhecimento de padrões (pp. 1891-1898).

Tai, M.C.-T. (2020). O impacto da inteligência artificial na sociedade humana e na bioética. Tzu Chi Medical Journal, [online] 32(4), p.339. doi:10.4103/tcmj.tcmj_71_20.

Taigman, Y., Yang, M., Ranzato, M.A. e Wolf, L., 2014. Deepface: Fechando a lacuna para o desempenho de nível humano na verificação facial. In Proceedings of the IEEE conference on computer vision and pattern recognition (pp. 1701-1708).

Tarnowski, P., Kołodziej, M., Majkowski, A. e Rak, R.J. (2017).

Reconhecimento de emoções usando expressões faciais. Procedia Computer Science, [online] 108, pp.1175-1184. doi:10.1016/j.procs.2017.05.025.

Wang, H., Gong, D., Li, Z. e Liu, W., 2019. Aprendizagem adversária descorrelacionada para reconhecimento facial invariante à idade. Em Proceedings of the IEEE/CVF Conference on Computer Vision and Pattern Recognition (pp. 3527-3536).

Wang, Z., Tang, X., Luo, W. e Gao, S., 2018. Envelhecimento facial com redes adversárias geradoras condicionais preservadas por identidade. Nos Anais da conferência do IEEE sobre visão computacional e reconhecimento de padrões (pp. 7939-7947).

Wen, Y., Li, Z. e Qiao, Y., 2016. Redes neurais convolucionais guiadas por factores latentes para o reconhecimento facial invariante em função da idade. Nos Anais da conferência do IEEE sobre visão computacional e reconhecimento de padrões (pp. 4893-4901).

Wright, J., Yang, A.Y., Ganesh, A., Sastry, S.S. e Ma, Y., 2008. Robust face recognition via sparse representation. IEEE transactions on pattern analysis and machine intelligence, 31(2), pp.210-227.

Wu, Y., Du, L. e Hu, H., 2020. Rede paralela de distinção de idade em vários caminhos para reconhecimento facial entre idades. IEEE Transactions on Circuits and Systems for Video Technology, 31(9), pp.3482-3492.

Wu, Y., Du, L. e Hu, H., 2020. Rede paralela de distinção de idade em vários caminhos para reconhecimento facial entre idades. IEEE Transactions on Circuits and Systems for Video Technology, 31(9), pp.3482-3492.

Xie, J.C., Pun, C.M. e Lam, K.M., 2022. Purificação de caraterísticas implícitas e explícitas para aprendizagem de representação facial invariante à idade. IEEE Transactions on Information Forensics and Security, 17, pp.399-412.

Xu, X., Li, W. e Xu, D. (2015). Aprendizagem métrica de distância usando informações privilegiadas para verificação de rosto e reidentificação de pessoa. IEEE Transactions on Neural Networks and Learning Systems, 26(12), pp.3150-3162. doi:10.1109/tnnls.2015.2405574.

Yang, H., Huang, D., Wang, Y. e Jain, A.K., 2018. Aprendendo a progressão da idade do rosto: Uma arquitetura piramidal de gans. Nos Anais da conferência do IEEE sobre visão computacional e reconhecimento de padrões (pp. 31-39).

Yeh, C.-H., Lin, C.-H., Lin, M.-H., Kang, L.-W., Huang, C.-H. e Chen, M.-J. (2021). Profundo
redução de artefatos de imagem comprimida baseada em aprendizado baseada na fusão de imagens em várias escalas. Information Fusion, 67, pp.195-207. doi:10.1016/j.inffus.2020.10.016.

Zhang, Z., Song, Y. e Qi, H., 2017. Progressão/regressão da idade por autoencoder adverso condicional. Nos Anais da conferência do IEEE sobre visão computacional e reconhecimento de padrões (pp. 5810-5818).

Zhao, J., Cheng, Y., Cheng, Y., Yang, Y., Zhao, F., Li, J., Liu, H., Yan, S. e Feng, J., 2019, julho. Olhe através do lapso: Aprendizagem de representação desemaranhada e síntese facial fotorrealista entre idades para reconhecimento facial invariante de idade. Em Proceedings of the AAAI conference on artificial intelligence (Vol. 33, No. 01, pp. 9251-9258).

Zheng, T., Deng, W. e Hu, J., 2017. Rede neural convolucional guiada por estimativa de idade para reconhecimento facial invariante de idade. Nos Anais da conferência do IEEE sobre workshops de visão computacional e reconhecimento de padrões (pp. 1-9).

Zhou, X., Jin, K., Xu, M. e Guo, G. (2019). Aprendendo métrica de similaridade compacta profunda para verificação de parentesco a partir de imagens de rosto. Fusão de informações, 48, pp.84-94. doi:10.1016/j.inffus.2018.07.011.

Printed by Books on Demand GmbH, Norderstedt / Germany